Andrea Srama
Kurt Morawa

Grundwissen Beratung und Verkauf

Kundengespräch / Verkaufsförderung / Rechtsgrundlagen

Herausgegeben in Zusammenarbeit mit dem FORUM Berufsbildung

Verlagsredaktion: Erich Schmidt-Dransfeld, Andrea Dietrich-Bijjou
Technische Umsetzung: TypeArt, Grevenbroich
Umschlaggestaltung: Gabriele Matzenauer, Berlin
Titelfoto: Ted Levine/zefa/Corbis

Informationen über Cornelsen Fachbücher und Zusatzangebote:
www.cornelsen.de/berufskompetenz

1. Auflage
© 2008 Cornelsen Verlag Scriptor GmbH & Co. KG, Berlin

Druck: Druckhaus Thomas Müntzer, Bad Langensalza

ISBN 978-3-589-23735-7

Inhalt gedruckt auf säurefreiem Papier
aus nachhaltiger Forstwirtschaft.

Vorwort

Sicher haben Sie zu diesem Buch gegriffen, um sich mit Verkaufen gründlicher zu befassen. Ob Sie nun Waren oder Dienstleistungen anbieten – um Ihr Produkt erfolgreich an den Kunden zu bringen, reicht es nicht mehr aus, nur einfach ein gutes Angebot zu entwickeln. Vielmehr muss Verkauf aktiv und kundenorientiert gestaltet werden.

Dazu erfahren Sie in diesem Buch alles Wesentliche. Die ersten Kapitel befassen sich mit Beratung, Verkaufsgrundlagen, Kundenorientierung und natürlich mit dem erfolgreichen Kundengespräch. Anschließend wird darauf eingegangen wie man Dienstleistungen verkauft. Das Thema Geschäftsräume bzw. Ladenlokal schließt diesen ersten großen Teil ab.

Im zweiten Teil werden die unerlässlich notwendigen Grundlagen zu Recht und Verträgen dargestellt.

Sie werden beim Lesen schnell merken, dass dieses Buch fundierte Sachverhalte leicht verständlich darstellt, denn es ist in erster Linie dazu bestimmt, den Stoff von Ausbildung, Umschulung oder Fortbildung effizient zu wiederholen. Natürlich können Sie sich damit auch einen guten Überblick für die Praxis verschaffen, aber eines nimmt dieses Buch ganz bewusst nicht für sich in Anspruch: Es ist kein weiterer Verkaufskurs in der Art, wie schon so viele mit reißerischen Versprechungen auf dem Markt sind.

Wir Autoren möchten Ihnen vielmehr gutes und anwendbares Wissen vermitteln, mit dem Sie erst in der Prüfung und dann später in der Praxis gut bestehen. Dazu gehört, dass die Inhalte fachlich fundiert und begründbar sind, wobei wir den aktuellen Stand der Verkaufspsychologie berücksichtigen. Um Ihren Lernerfolg zu unterstützen, finden Sie nach jedem Kapitel Aufgaben zur Selbstkontrolle, die im Anhang gelöst sind. Wesentliche Begriffe stehen griffbereit zum Nachschlagen in einem Glossar auf den Umschlaginnenseiten.

Autoren und Verlag wünschen Ihnen, dass Ihnen das Buch für Ihren Zweck gut weiterhilft und dass Sie Erfolg haben werden. Besonders freuen würden wir uns, wenn Ihnen die Beschäftigung mit Beraten und Verkaufen dabei auch ein wenig Spaß machen würde.

Inhaltsverzeichnis

1	**Grundlagen von Beratung und Verkauf**	**7**
1.1	Bedeutung von Beratung und Verkauf	7
1.2	Arten und Formen des Verkaufs	9
1.2.1	*Persönlicher Verkauf*	10
1.2.2	*Halbpersönlicher Verkäufer*	15
1.2.3	*Unpersönlicher Verkauf*	18
1.3	Der Stellenwert der Beratung	22
2	**Kundenorientierung als Erfolgsfaktor**	**27**
2.1	Grundlegendes zur Kundenorientierung	27
2.2	Kundengruppen und Kundentypen	30
2.2.1	*Kundengruppen*	30
2.2.2	*Kundentypen*	34
2.3	Kaufmotive der Kunden	35
2.4	Kundengewinnung	37
2.5	Kundenzufriedenheit	39
2.6	Kundenbindung	43
2.6.1	*Maßnahmen zur Kundenbindung*	44
2.6.2	*Instrumente der Kundenbindung*	45
2.6.3	*Customer Relationship Management*	47
2.6.4	*Beschwerdemanagement*	48
3	**Das erfolgreiche Kundengespräch**	**51**
3.1	Grundlagen des Kundengesprächs	51
3.1.1	*Anforderungen an Verkäufer*	52
3.1.2	*Kommunikationselemente im Kundengespräch*	53
3.2	Phasen des Kundengesprächs	56
3.2.1	*Phase 1: Gesprächsvorbereitung*	57
3.2.2	*Phase 2: Kontaktaufnahme*	57
3.2.3	*Phase 3: Ermittlung des Kundenwunsches*	60
3.2.4	*Phase 4: Präsentation des Angebots/Warenvorlage*	63
3.2.5	*Phase 5: Argumentation*	65
3.2.6	*Phase 6: Gesprächsabschluss*	70
3.2.7	*Phase 7: Gesprächsnachbereitung*	71
3.3	Ansatzpunkte für Beratungs- und Verkaufsargumente	72
3.4	Einwandbehandlung	74
3.4.1	*Methoden zur Entkräftung von Einwänden gegen das Angebot*	75
3.4.2	*Methoden zur Entkräftung von Einwänden gegen den Preis*	78
3.4.3	*Methoden zur Entkräftung von Einwänden gegen das Personal*	80
3.4.4	*Methoden zur Entkräftung von Einwänden gegen das Unternehmen*	80
3.5	Herausforderungen für den Verkäufer	81
3.5.1	*Verkauf bei Hochbetrieb*	81
3.5.2	*Verkauf kurz vor Ladenschluss*	82
3.5.3	*Kunden in Begleitung*	82
3.5.4	*Preisverhandlungen*	83
3.5.5	*Ladendiebstahl*	83

3.5.6	Besorgungs- und Geschenkkauf	84
3.6	Kundenorientierter Umgang mit Reklamation und Umtausch	85
4	**Beratung und Verkauf von Dienstleistungen**	**87**
4.1	Die Bedeutung von Dienstleistungen	87
4.2	Besonderheiten von Dienstleistungen	88
4.2.1	Immaterialität	89
4.2.2	Uno-actu-Prinzip	89
4.2.3	Integration des externen Faktors	89
4.3	Qualität und Beurteilung von Dienstleistungen	90
4.4	Beratung und Verkauf von Dienstleistungen	93
4.4.1	Immaterialität/Intangibilität	93
4.4.2	Uno-actu-Prinzip	95
4.4.3	Integration des externen Faktors	95
4.5	Anforderungen an den Kundenberater	96
4.6	Vertrieb von Dienstleistungen	97
5	**Verkaufsfördernde Geschäfts- und Verkaufsraumgestaltung**	**98**
5.1	Außenfront	98
5.1.1	Die Fassade	98
5.1.2	Das Firmenschild	99
5.1.3	Das Schaufenster	99
5.1.4	Der Eingangsbereich	100
5.2	Geschäfts- und Verkaufsraumgestaltung	101
5.2.1	Grundsätze für die Verkaufsraumgestaltung	102
5.2.2	Verkaufszonen	106
5.2.3	Anordnung der Warenträger	107
5.2.4	Besonderheiten der Verkaufsraumgestaltung in Abhängigkeit von der Verkaufsform	109
5.3	Warenplatzierung und Warenpräsentation	111
6	**Recht und Kaufvertrag**	**124**
6.1	Die Einordnung des Kaufvertrags in unser Rechtssystem	124
6.2	Rechtliche Grundlagen zum Kaufvertragsrecht	125
6.2.1	Der Kaufvertrag als Rechtsgeschäft	125
6.2.2	Arten von Rechtsgeschäften	126
6.2.3	Form von Rechtsgeschäften	127
6.2.4	Schriftform	128
6.2.5	Nichtigkeit von Rechtsgeschäften	130
6.2.6	Anfechtbarkeit von Rechtsgeschäften	131
7	**Die verschiedenen Vertragsarten**	**133**
7.1	Die wichtigsten Vertragsarten	133
7.2	Die Struktur des Kaufvertrags	136
8	**Der vorvertragliche Bereich**	**138**
8.1	Vorvertragliche Kontakte	138
8.2	Die rechtliche Wirkung der Anfrage	138
8.3	Verpflichtungen aus der Aufnahme von Vertragsverhandlungen bzw. Anbahnung eines Rechtsgeschäfts (§ 311 Abs. 2 BGB)	139
8.4	Der Rechtscharakter von Werbeanpreisungen	139

9	**Zustandekommen des Kaufvertrags**	**141**
9.1	Zustandekommen des Kaufvertrags durch Antrag und Annahme	141
9.2	Der Kaufvertrag als Verpflichtungsgeschäft	142
9.3	Besonderheiten beim Abschluss des Kaufvertrags	144
10	**Inhalt des Kaufvertrags**	**146**
10.1	Allgemeine Geschäftsbedingungen	146
10.2	Inhaltskontrolle von Allgemeinen Geschäftsbedingungen	147
10.3	Rechtsfolgen der Nichteinbeziehung bzw. der Unwirksamkeit von AGB-Klauseln	148
10.4	Widerrufsrecht bei Verbrauchergeschäften (§ 355 BGB)	149
10.5	Verbraucherverträge, bei denen ein Widerrufsrecht ausgeübt werden kann	150
10.6	Rückgaberecht bei Verbraucherverträgen (§ 356 BGB)	151
10.7	Pflichten im elektronischen Geschäftsverkehr (§ 312 e BGB)	151
10.8	Besondere Arten des Kaufvertrags	152
10.9	Weitere Regelungen zur individuellen Gestaltung von Kaufverträgen	156
11	**Störungen beim Kaufvertrag**	**162**
11.1	Lieferungsverzug (Schuldnerverzug)	163
11.2	Annahmeverzug (Gläubigerverzug)	165
11.3	Zahlungsverzug	168
12	**Ansprüche bei Lieferung von mangelhafter Ware**	**171**
12.1	Nacherfüllung	172
12.2	Minderung des Kaufpreises und Rücktritt vom Kaufvertrag	173
12.3	Rügefristen bei Mängelansprüchen	174
12.4	Gewährleistungsausschluss und Garantieversprechen	176
13	**Die außergerichtliche und die gerichtliche Geltendmachung von Forderungen**	**178**
13.1	Das außergerichtliche Mahnverfahren	178
13.2	Das gerichtliche Mahnverfahren (§§ 688 – 703 d Zivilprozessordnung (ZPO))	180
13.3	Klageverfahren	182
13.4	Die Zwangsvollstreckung	183
14	**Verjährung**	**185**
14.1	Verjährungsfristen	185
14.2	Hemmung der Verjährung	186
14.3	Neubeginn der Verjährung	187
	Lösungen zu den gestellten Aufgaben	188
	Verwendete Literatur	195
	Stichwortverzeichnis	196
	Über die Autoren	197
	Über den Herausgeber (Forum Berufsbildung)	198

1 Grundlagen von Beratung und Verkauf

Der Verkauf ist das Bindeglied zwischen dem Angebot eines Unternehmens und der Nachfrage am Markt. Er stellt einen Prozess dar, bei dem ein Verkäufer einen potenziellen Abnehmer dazu bewegt, sein Angebot zu erwerben. Durch die Vielzahl der unterschiedlichen Angebote, Branchen und Menschen ergeben sich täglich viele verschiedene Verkaufs- und Beratungssituationen. Diese folgen alle bestimmten Grundsätzen, doch ihr konkreter Ablauf hängt davon ab, ob es sich bei dem Angebot um eine Ware oder um eine Dienstleistung handelt, welche Art und Form des Verkaufs und der Beratung gewählt werden und wie Kunde und Verkäufer miteinander kommunizieren. Trotz der Unterschiede im Detail ist die generelle Bedeutung von Beratung und Verkauf für den Unternehmenserfolg ungebrochen groß.

1.1 Bedeutung von Beratung und Verkauf

Schon lange reicht es für den erfolgreichen Absatz nicht mehr aus, ein gutes Angebot zu entwickeln. Vielmehr muss der Verkauf aktiv und kundenorientiert gestaltet sein.

Das war nicht immer so. In den 50er- und 60er-Jahren stand die Herstellung von Produkten und Dienstleistungen im Mittelpunkt des unternehmerischen Denkens. Der Verkauf war unproblematisch, da die Nachfrage größer war als das meist knappe Angebot. Auf diesen so genannten Verkäufermärkten bestimmten die Verkäufer die Regeln des Kaufens und Verkaufens. Sie entschieden über die Art des Angebots, über Zeit und Ort des Verkaufs, über Preise, Vertrags-, Zahlungs- und Lieferbedingungen. Der Käufer war damit abhängig vom Verkäufer.

Heutige Märkte sind Käufermärkte.

Der Kunde wählt aus einer unüberschaubaren Vielfalt von Angeboten, die fast alle denkbaren Kundenwünsche bedienen. Die Angebote unterscheiden sich häufig nur geringfügig voneinander, stellen den Kunden auf ähnliche, überzeugende Art zufrieden und sind jederzeit verfügbar. Wegen der großen Markttransparenz sind die Käufer außerdem gut informiert. Sie stellen hohe Erwartungen an das Preis-Leistungsverhältnis und wägen die Vorteile der einzelnen Angebote genau gegeneinander ab. Der Käufer entscheidet, wann und wo er welches Angebot zu welchem Preis und zu welchen Bedingungen erwirbt. Damit ist der Verkäufer heute vom Käufer abhängig. Innovationsvorsprünge schaffen dabei nur kurzfristige Wettbewerbsvorteile, da Produkte und Dienstleistungen immer schneller nachgeahmt werden. Unternehmen müssen deshalb ihre Angebote gezielt verkaufen und sich dabei deutlich von der Konkurrenz abheben.

Kunden wollen kaufen, aber nicht etwas verkauft bekommen. Sie kaufen, wenn sie etwas brauchen, wissen aber häufig nicht, welches Angebot sie genau benötigen. Der Kunde ist unsicher und wird nur dann von dem Angebot überzeugt sein, wenn ihm der konkrete Nutzen des Angebots klar ist, d.h. wenn er versteht, was ihm der Kauf bringt. So wird sich z.B. ein Kunde, der überall erreichbar sein und bequem telefonieren möchte, ein Handy zulegen. Dieses bietet ihm den Nutzen, jederzeit mobil telefonieren zu können.

In der Praxis stellt das hohe Anforderungen an den Verkauf. Früher lag der Kern des Verkaufs darin, einen Abschluss zu erzielen. Der Kunde sollte mit Verkaufstricks und Raffinesse zum Kauf eines bestimmten Angebots gebracht werden. Es galt das Motto: „Ein guter Verkäufer kann alles verkaufen." Diese Einstellung führte zu einem entsprechend schlechten Image des Verkaufs und der Verkaufsmitarbeiter.

> *Das oberste Ziel des modernen Verkaufsprozesses ist die Lösung des Kundenproblems, die Zufriedenstellung des Kunden und damit seine langfristige Bindung an das Unternehmen.*

Um das zu erreichen, muss der gesamte Verkaufsvorgang darauf ausgerichtet sein, im partnerschaftlichen Dialog Wünsche und Kaufmotive des Kunden zu ermitteln und auf deren Grundlage geeignete Angebote zur Problemlösung zu unterbreiten. Die Rolle des Verkäufers wird dabei deutlich erweitert. Er muss eine Beziehung zum Kunden aufbauen, auf dieser Basis das Kundenproblem herausfinden und geeignete Problemlösungen entwickeln. Mit Hilfe fundierter Fachkenntnisse und menschlicher Kompetenz unterstützt er den Kunden professionell und beratend bei der Auswahl des Angebots, das das Kundenproblem auf geeignete Weise lösen und dem Kunden den größten Nutzen bieten kann. Der Verkäufer wird damit zum Verkaufs- bzw. Kundenberater.

Die Unterschiede des klassischen und modernen Verkaufens verdeutlicht folgende Übersicht:

Klassischer Verkauf	Moderner Verkauf
Kontakt herstellen	Beziehung aufbauen
↓	↓
Bedarf ermitteln	Kundenproblem/Kaufmotiv ermitteln
↓	↓
Produkt anpreisen	Problemlösung präsentieren
↓	↓
Einwände entkräften	Unterstützende Entscheidungsberatung
↓	↓
Abschluss herbeiführen	Kundenzufriedenheit/Kundenbindung

Die Beratung ist dabei ein wesentlicher Teil des Verkaufsgesprächs. Sie trägt, wenn sie gut durchgeführt wird, entscheidend zur Zufriedenheit des Kunden und zu dessen Bindung an Anbieter und Verkäufer bei. Studien belegen, dass der Erfolg eines Verkaufsberaters nur zu etwa 25 % auf seiner Fachkompetenz beruht, 75 % dagegen machen seine menschlichen und persönlichen Fähigkeiten aus. Ihre Einsatzmöglichkeit sowie der Anteil der Beratungsleistung hängen stark von den Arten und Formen des Verkaufs ab.

1.2 Arten und Formen des Verkaufs

Man unterscheidet drei Arten des Verkaufs, deren unterschiedliche Formen exemplarisch im Folgenden erläutert werden:

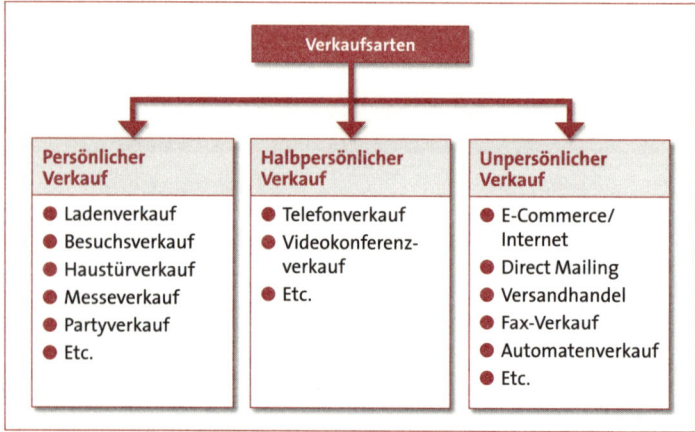

1.2.1 Persönlicher Verkauf

Beim persönlichen Verkauf stehen sich Kunde und Verkaufsmitarbeiter im Rahmen eines Verkaufs- oder Beratungsgesprächs unmittelbar gegenüber. Die Kommunikation und damit der Informationsaustausch erfolgen direkt. Ebenso kann sofort auf Äußerungen und besonders auf das Verhalten des Gegenübers reagiert werden.

Beim Äußern und Verstehen von Informationen spielen nicht nur verbale Aspekte eine Rolle, sondern auch alle Mittel der Körpersprache: Gestik, Mimik und Körperhaltung (siehe Kapitel 3.1). Sie entscheiden über den Verlauf des Gesprächs.

> *Der unmittelbare Dialog ermöglicht eine intensive und weitgehend ungestörte Beratung des Kunden und eine Lenkung seiner Kaufentscheidung.*

Der Aufbau einer vertrauensvollen Beziehung zwischen dem Kunden und dem Verkaufsmitarbeiter wird dadurch erleichtert. Auch die Präsentation der Waren erfolgt direkt. Der Kunde kann sie unmittelbar mit allen Sinnen erfassen: sehen, fühlen, riechen, schmecken und hören. Das erleichtert dem Kunden das Prüfen des Angebots und dem Verkäufer die Beratung und das Verkaufen.

Die Vor- und Nachteile des persönlichen Verkaufs lassen sich wie folgt zusammenfassen:

Vorteile des persönlichen Verkaufs	Nachteile des persönlichen Verkaufs
• Gesprächspartner ist bekannt, dadurch schnellerer, leichterer Vertrauensaufbau • Der Verkäufer kann sich auf den Gesprächspartner einstellen • Situationsgerechte Steuerung der Kommunikation • Die Gesprächswirkung ist sofort feststellbar und ermöglicht Reaktionen • Das Angebot kann mit allen fünf Sinnen erfasst und geprüft werden	• Vergleichsweise hohe Kosten • Hoher Zeitaufwand • Häufig zu wenig Verkäufer • Oft geringe Motivation der Verkäufer • Hohes Stresspotenzial, wenn mehrere Kunden gleichzeitig bedient werden wollen

Der Handel nutzt die Vorteile des persönlichen Verkaufs, um Kunden zu gewinnen, zu binden und sich gezielt vom Wettbewerb abzugrenzen. Durch Erlebniseinkäufe gestaltet er das Kaufen für den Kunden eindrucksvoll und unterhaltsam. Dabei wird rund um das Produktangebot eine Erlebniswelt geschaffen, die das Produkt nicht nur anpreist, sondern es in seinen Verwendungszusammenhang stellt. Dem Kunden werden viele Möglichkeiten des interaktiven Erlebens geboten. Ein Teil der Verkaufsfläche kann dabei zur Erlebnisinsel werden. So wird z.B. für die Präsentation der neuen Sportschuhkollektion ein Parcours aufgebaut, auf dem Laufschuhe mit Hilfe eines Laufbandes, Wanderschuhe auf einer künstlichen Geländestrecke und Fußballschuhe an einer Torwand ausprobiert werden können. Es gibt Gewinnspiele und Autogrammstunden mit bekannten Sportlern und die Dekoration vervollständigt die Sportwelt. Gleichzeitig werden ergänzende Artikel wie Sportbekleidung, Fitnessdrinks und anderes Zubehör zum Verkauf angeboten.

Der persönliche Verkauf wird bei allen denkbaren Angeboten an Waren und Dienstleistungen sowie deren Kombinationen, wie z.B. bei Handwerksbetrieben, eingesetzt. Besonders stark ist diese Verkaufsart jedoch im Einzelhandel ausgeprägt, der drei verschiedene Formen des persönlichen Verkaufs unterscheidet:

	Vollbedienung	Vorwahl	Selbst-bedienung
Waren-präsentation	*Die Ware ist für den Kunden nicht direkt zugänglich. Sie befindet sich hinter einer Bedienungstheke, Vitrine oder einem Verkaufstisch.*	*Die Ware ist für den Kunden frei zugänglich und greifbar. Eine möglichst große Auswahl des Sortiments wird ansprechend in Regalen, auf Ständern oder Tischen präsentiert.*	*Die Ware wird kundennah und frei zugänglich in entsprechender Menge und Auswahl in Regalen und Warenträgern angeordnet. Präsentation und Platzierung folgen den Erkenntnissen der Verkaufs-psychologie.*
Verkäufer-aufgaben	*Das Verkaufsper-sonal betreut den Kunden vom Betreten bis zum Verlassen des Geschäfts. Es nimmt aktiv Kontakt zum Kunden auf, ermittelt seine Wünsche, präsentiert geeignete Problem-lösungen und kassiert. Hierfür sind gute Fach-kenntnisse erforderlich.*	*Das Verkaufsperso-nal beobachtet bei der Regalpflege das Geschehen im Verkaufsraum. Es gibt bei Bedarf Hilfestellungen, bietet Beratung und Information an und unterstützt die Kaufentscheidung. Auch führt es alle ergänzenden Aufgaben aus, die nötig sind, damit der Kunde das Produkt kaufen kann (Waren aus dem Lager holen etc.). Der Kassiervorgang wird vorbereitet oder selbst durchgeführt.*	*Das Verkaufs-personal schafft durch das Einräumen der Regale und die Regalpflege die Voraussetzungen für einen reibungslosen Einkauf. Es sorgt für Ordnung und Sauberkeit im Verkaufsraum. In Ausnahmefällen steht es für Nachfragen und eine kurze Beratung zur Verfügung. Das Kassieren wird von geschulten Kassierern übernommen.*

	Vollbedienung	Vorwahl	Selbst-bedienung
Kundenver-halten	Der Kunde wendet sich mit seinem Problem an den Kundenberater und lässt sich die Ware vorlegen bzw. aushändigen.	Der Kunde trifft selbstständig eine Vorwahl der Ware. Er kann sie prüfen, anfassen und sich mit Hilfe der Etiketten und Regalschilder informieren. Für alle ergänzenden Hilfestellungen wendet er sich an das Verkaufs-personal.	Der Kunde ist vom Betreten des Geschäfts bis zum Kassier-vorgang auf sich selbst gestellt. Er sucht sich selbstständig die Ware aus und transportiert sie zur Kasse. Nach dem Bezahlen muss er die Ware selbst verpacken.
Warenarten	• erklärungsbedürftige Produkte (z.B. technische Neuheiten) • beratungsbedürftige Produkte (z.B. Arzneimittel) • offene Waren (Lebensmittel) • Waren, die aus Sicherheits-gründen nicht frei zugänglich sind (Waffen, Schmuck)	• Waren, die frei zugänglich verkauft werden können • Waren, über die sich der Kunde leicht selbst informieren kann	• Waren des täglichen Bedarfs • selbsterklärende Waren • Waren, deren Verwendung durch die Verpackung erklärt wird
Beispiele	• Fach und Spezialgeschäfte: Schmuck, Frischfisch, Bäckereien, Apotheken	• Schuh- und Textilgeschäfte, Warenhäuser, Fachmärkte	Supermärkte, SB-Warenhäuser

Für Kunden und Handel ergeben sich folgende Vor- und Nachteile aus diesen Verkaufsformen:

Verkaufs-form	Vorteile	Nachteile
Voll-bedienung	*Für Kunden* • Persönlicher Kontakt • Fachkundige Beratung • Spart Zeit in komplexen Kaufsituationen *Für Handel* • Kundenbindung • Lenkung der Kunden im Gespräch • Vermeidung von Diebstählen • Weniger Beschädigung der Ware	*Für Kunden* • Höhere Preise • Wartezeiten • Abhängigkeit vom Verkäufer • Kaufdruck *Für Handel* • Hohe Personalkosten • Qualifizierung des Personals
Vorwahl	*Für Kunden* • Ware ist frei zugänglich • Warenauswahl ohne Kaufdruck • Trotzdem Beratung möglich *Für Handel* • Entlastung der Verkäufer • Personal ist vielseitig einsetzbar • Zusätzlicher Umsatz durch Impulskäufe	*Für Kunden* • Warten auf freies Personal • Überlastetes Personal durch Aufgabenvielfalt *Für Handel* • Hoher Aufwand für Ordnung und Waren-pflege • Eingeschränkte Kontrolle über die Behandlung der Ware
Selbst-bedienung	*Für Kunden* • Unkomplizierter, schneller Einkauf • Freier Warenzugang • Ungestörte Warenauswahl • Oft günstigere Preise *Für Handel* • Geringer Personalaufwand • Einsatz von gering qualifi-ziertem Personal möglich	*Für Kunden* • Keine Beratung • Kunde ist auf sich selbst gestellt *Für Handel* • Hoher Aufwand für Warenpflege • Erhöhte Diebstahlgefahr

1.2.2   Halbpersönlicher Verkauf

Beim halbpersönlichen Verkauf stehen sich Kunde und Verkäufer nicht unmittelbar gegenüber, können aber direkt miteinander sprechen und auf das gesprochene Wort des Gegenübers reagieren. Das Angebot ist für den Kunden nicht direkt zugänglich, d.h. er kann es nicht mit seinen fünf Sinnen erfassen und ist auf die Darstellung des Verkäufers angewiesen. Dementsprechend hängt der Verlauf des Gesprächs wesentlich davon ab, wie gut der Verkäufer die Aufmerksamkeit des Kunden erregen und fesseln kann und ob seine Schilderung des Angebots eine für den Kunden interessante Problemlösung mit einem überzeugenden Nutzen darstellt.

Der Mensch nimmt 75 % der Informationen, die er erhält, visuell auf – nur 15 % dagegen akustisch. Damit wird die Kommunikation beim halbpersönlichen Verkauf, wie z.B. am Telefon, stark eingeschränkt.

> *Die ausschließlich akustische Aufnahme von Informationen birgt das Risiko, dass der Informationsempfänger abgelenkt ist, die Wahrnehmung gestört wird und damit die Botschaft nicht richtig verstanden wird.*

Der Eindruck, den ein Telefonat beim Kunden hinterlässt, besteht zu 87 % daraus, wie eine Botschaft vermittelt wird. Der sachliche Inhalt (was) macht dagegen nur 13 % aus. Bezogen auf den Verkaufsmitarbeiter sind also in erster Linie entscheidend für ein erfolgreiches Telefonat:

- seine Stimme
- sein Tonfall
- seine Stimmung
- seine Wortwahl

Dennoch ist das Telefon ein häufig genutztes Instrument zur Herstellung von Kundenkontakten und in einigen Branchen sogar fester Bestandteil der Verkaufsstrategie.

Während der Kundenbesuch eines Außendienstmitarbeiters etwa 200 bis 400 Euro kostet, liegen die Kosten für einen Telefonkontakt bei lediglich 10 – 20 % dessen. Das Telefon bietet folgende Vor- und Nachteile:

Vorteile des telefonischen Verkaufs	Nachteile des telefonischen Verkaufs
• Vergleichsweise geringe Kosten • Schnelle Präsenz • Unabhängigkeit von der räumlichen Nähe zum Kunden • Hohe Antwortgeschwindigkeit • Sofortige Reaktion des Kunden erkennbar • Viele Kundenkontakte in kurzer Zeit • 24 Stunden Einsatzmöglichkeit	• Hohe Störanfälligkeit • Eher konfliktgefährdet • Keine bildhafte Präsentation des Angebots möglich • Die Kommunikation beschränkt sich auf die Stimme • Kann schnell und ohne Skrupel beendet werden • Schlechtes Image

Es lassen sich zwei Formen des Telefonverkaufs unterscheiden:

Aktive Kontaktaufnahme – outbound:	Passive Kontaktaufnahme – inbound:
Dabei geht die Initiative vom Anbieter aus, der aktiv potenzielle Kunden anruft, z.B. für den Verkauf von Waren oder Dienstleistungen, für eine Terminvereinbarung oder für Nachfassaktionen.	Die Initiative geht hier vom Kunden aus, der von sich aus den Anbieter anruft, z.B. eine Hotline, für Reservierungen oder um eine Bestellung von Waren über den Versandhandel vorzunehmen.

Da ein Telefonkontakt die „akustische" Visitenkarte eines Unternehmens darstellt und die Kontaktdauer meist kurz ist, muss das Gespräch gut geplant sein. Hierzu ist es sinnvoll, sich einen Gesprächsleitfaden zu erarbeiten. Dieser ist keine Vorlage zum Ablesen, sondern soll dazu beitragen, die Gesprächsführung zu strukturieren, das Gesprächsziel im Auge zu behalten und auf unvorhergesehene Situationen angemessen reagieren zu können. Ein solcher Leitfaden deckt folgende Punkte ab:

1.	Gesprächspartner	Name, Position, Entscheidungskompetenz, persönliche Informationen
2.	Gesprächsziel	Was soll mit dem Gespräch erreicht werden? Zum Beispiel Neukundenakquise, Unterstützung einer Produkteinführung etc.

3.	Begrüßung	Welche Firma ruft an, was tut sie, was will sie?
4.	Aufhänger	Zum Wecken des Interesses möglichst individuell reagieren, z.B. mit einem Hinweis auf einen neuen Service oder ein besonderes Angebot.
5.	Bedarfsermittlung	Was benötigt der Kunde? Möglichst eine Schlüsselfrage stellen.
6.	Nutzen-argumentation	Welchen Nutzen hat der Kunde, wenn er das Angebot erwirbt?
7.	Einwand-behandlung	siehe Kapitel 3.2
8.	Gesprächs-abschluss	Mündliche Zusammenfassung der Fixpunkte für den Kunden und schriftlich für eventuelle Nachfassaktionen.

Die ersten 20 Sekunden eines Telefonats sind entscheidend. In dieser Zeit beurteilt der Kunde den Nutzen des Anrufs und entscheidet über eine Fortführung oder einen Abbruch des Gesprächs. Erschwerend kommt meistens die instinktive Abwehrhaltung des Angerufenen hinzu, der u. U. gerade bei einer anderen Tätigkeit gestört wird, unsicher ist, was auf ihn zukommt, oder bereits schlechte Erfahrungen mit so genannten Kaltanrufen gemacht hat. Diese sind in Deutschland nach dem „Gesetz gegen unlauteren Wettbewerb" zwar verboten und Voraussetzung für einen solchen Anruf ist die Einwilligung des Kunden. Dennoch gibt es immer wieder Unternehmen, die sich nicht an diese Regelung halten. Sie tragen zum negativen Image des Telefonverkaufs bei.

Der telefonische Verkauf wird häufig von Marketing-Maßnahmen wie z.B. Mailings oder Anzeigen begleitet. Er eignet sich grundsätzlich für alle Arten von Waren und Dienstleistungen. Problematischer wird es jedoch, je hochwertiger, technischer und abstrakter das Angebot ist. In diesem Fall ist es das Ziel des Telefonats, einen persönlichen Termin zu vereinbaren, bei dem der Kunde vor Ort in Ruhe informiert und beraten wird. Einige Unternehmen vergeben den Telefonverkauf an externe Callcenter und nutzen dadurch deren Infrastruktur und geschultes Personal. Callcenter sind Unternehmen, die darauf spezialisiert sind, Kundenkontakte telefonisch herzustellen.

> *Beim persönlichen und halbpersönlichen Verkauf ist der Mitarbeiter der kritische Erfolgsfaktor. Die Qualität des Verkaufsgesprächs hängt unmittelbar von seiner Leistung ab.*

Sie kann durch folgende Faktoren beeinflusst werden:
- Auswahl der Mitarbeiter
- Schulungen
- Motivation und Anreize
- Führungsstil
- Kontrollen

Über die optimale Gestaltung der Verkaufssituation hinaus ist auch die Absicherung der Nachkaufsituation wichtig. Mit einem gezielten Beschwerdemanagement wird erreicht, dass Kunden z.B. bei Reklamationen oder Umtauschwünschen zufrieden gestellt werden können (siehe Kapitel 2.6.4).

1.2.3   Unpersönlicher Verkauf

> *Immer dann, wenn kein unmittelbarer Kontakt zu Mitarbeitern eines verkaufenden Unternehmens besteht, spricht man von unpersönlichem Verkauf.*

Das aktuell rasanteste Wachstum in diesem Bereich weist der Internethandel (E-Commerce) auf. Nach Angaben des Statistischen Bundesamtes nutzen etwa 80 % der Unternehmen und 65 % der Privatpersonen das Internet. Der Anteil der Personen, die über das Internet Waren oder Dienstleistungen für private Zwecke beziehen, steigt kontinuierlich. Von den etwa 48 Millionen Bundesbürgern, die einen Internetzugang besitzen, kauften knapp 60 % bereits im Internet Waren und Dienstleistungen ein. Tendenz steigend. Damit liegt Deutschland im EU-Vergleich an zweiter Stelle. Am beliebtesten ist der Kauf von Druckerzeugnissen wie Bücher oder Zeitungen, gefolgt von Kleidung, Sportartikeln, Spielwaren und CDs/DVDs. Eine untergeordnete Rolle spielt der Kauf von Lebensmitteln und Kraftfahrzeugen.

Der Umsatz im privaten Internethandel wächst seit 2001 jährlich zweistellig – z.T. mit einer Wachstumsrate von bis zu 30 %. Dieser Trend wird auch für die kommenden Jahre prognostiziert. Erstmals übersteigt er im 1. Halbjahr 2007 für den Non-Food-Bereich das Umsatzvolumen des traditionellen Versandhandels. (Quelle: GfK unter www.gfk.de)

Während anfangs das Wachstum durch eine stärkere Verbreitung privater Internetzugänge und die Verbesserung dieser durch leistungsfähige Breitbandanschlüsse (DSL) begründet war, wird es zunehmend schwieriger, neue Kunden für den Online-Handel zu gewinnen. Motor des zukünftigen Wachstums werden die Steigerung der Einkaufshäufigkeit der Nutzer und höhere Bonsummen sein. Durchschnittlich 7,8 Einkäufe tätigt ein Online-Käufer pro Jahr. Intensivnutzer kommen auf 13 und mehr Einkäufe und machen damit 40 % des Gesamtumsatzes aus. Diese Entwicklung wird sich fortsetzen.

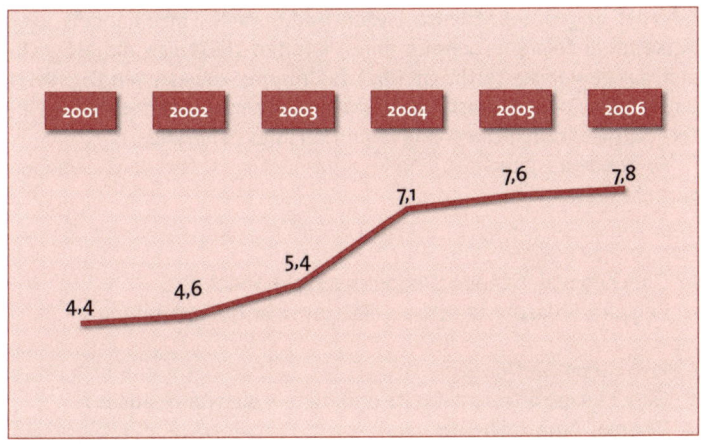

Abb. 1.1: Entwicklung der durchschnittlichen Online-Einkaufshäufigkeit je Käufer/Jahr (Quelle: GfK)

Begründet wird dieser Trend dadurch, dass die Nutzer aufgrund guter Erfahrungen mit E-Commerce und dem einhergehenden gestiegenen Vertrauen in die Anbieter ihre Einkaufshäufigkeit steigern und auch teurere Produkte über das Internet kaufen. Gleichzeitig weiten die Anbieter ihre Sortimente aus und bieten auch höherwertige Produkte online an. Für den Internet-Handel kommen grundsätzlich alle Produkte in Frage, aber auch hier verhält es sich wie beim Telefonverkauf: Je teurer und komplexer die Produkte sind und je stärker sie durch eine emotionale Sicherheit unterstützt werden müssen, desto eher dient das Internet dem Erstkontakt zur Vereinbarung weiterer Schritte in einem persönlichen Gespräch. Obwohl inzwischen selbst Dienstleistungen online verkauft werden, ist für den Großteil solcher Anbieter das Internet nur eine Vorstufe zum Verkauf. Es dient der Kommunikation und Information über das Leistungsangebot.

Die meisten im E-Commerce tätigen Unternehmen sind nicht ausschließlich im Internet aktiv.

> *Häufig ist der Online-Vertrieb eine zusätzliche*
> *Vertriebsform oder ein Kommunikationsmittel.*

So werden bereits am Markt existierende erfolgreiche Marken auch im Internet angeboten. Ebenso bieten traditionelle Einzelhandels- und Versandhandelsunternehmen ihren Kunden zusätzlich die Möglichkeit, das gewohnte Sortiment über das Internet zu bestellen. Dies setzt eine professionelle Logistik voraus, um den Schnelligkeitsvorteil des Internets nicht durch einen langsamen Versand zu behindern.

Folgende ausgewählte Verkaufsformen des Internethandels haben sich etabliert:

Elektronische Läden
- Gleichen realen Läden (Discounter, Fachhandel, etc.)
- Beispiel: Amazon startete als elektronische Buchhandlung

Elektronische Kaufhäuser
- Gleichen in Sortimentsbreite und -tiefe realen Kaufhäusern
- Beispiel: Amazon heute

Elektronische Versteigerungen
- Beispiel: Auktionsplattformen wie ebay

Suchagenten
- Finden für ihre Kunden die günstigsten Anbieter bestimmter Leistungen
- Beispiele: idealo, kelkoo

Der Verkauf über das Internet hat für Käufer und Verkäufer Vor- und Nachteile:

Vorteile des Internet-Verkaufs	Nachteile des Internet-Verkaufs
Für Käufer • Einfache und schnelle Vergleichbarkeit einzelner Angebote, Leistungen, Preise • Bequemer Einkauf von zu Hause aus • Weltweiter Kauf möglich • Keine Abhängigkeit von Ladenöffnungszeiten • Anfragen sind einfach und unkompliziert zu stellen • Möglichkeit, sich vorab zu informieren und später im Laden zu kaufen	**Für Käufer** • Keine direkte persönliche Beratung, kein direkter Dialog möglich • Keine physische Präsenz der Produkte • Abhängigkeit von der Information, die der Anbieter bereitstellt • Kunde muss sich selbst um Informationen kümmern • Zeitverzögerte Beantwortung von Fragen zum Produkt • Hemmschwelle bei Garantieleistungen
Für Verkäufer • Geringe laufende Kosten • Kein Verkaufsraum nötig • Wenig Lagerhaltung • Mehr Service zu günstigen Preisen • Schnelle Interaktion • Globaler Verkauf ist möglich • Auch kleine Unternehmen können groß erscheinen • Keine Kundennähe nötig • Umfassende Informationen über Kunden und deren Kaufverhalten • Online-Shops ziehen Kunden in Läden	**Für Verkäufer** • Hohe Anforderungen an die Logistik • Ständige Aktualisierung des Angebots ist notwendig • Schnelle Reaktion auf Kundenanfragen nötig • Online-Shop muss trotzdem klassisch beworben werden

Durch die fehlende direkte Kommunikation zwischen Käufer und Verkäufer muss die Zielgruppe sowohl beim Online-Verkauf als auch bei allen übrigen Arten des unpersönlichen Verkaufs klarer als bei den anderen Verkaufsarten beschrieben sein. Sie muss noch gezielter angesprochen werden. Der Erfolg dieser Verkaufsart hängt davon ab, ob durch die beschreibende und bildhafte Darstellung des Angebots dessen Nutzen dem Kunden so verdeutlicht werden kann, dass er einen Vorteil für sich sieht und es zum Kauf kommt.

Für den Internetverkauf gelten dabei folgende Regeln:
- Kurze Ladezeiten der Seiten, d.h. Verzicht auf aufwändige Animationen
- Nutzerfreundliche Navigation – wenige Klicks bis zum Suchergebnis
- Genaue übersichtliche Angaben zu Produkten, Preisen, Verkäufer, Garantien, Kaufabwicklung
- Kurze, prägnante Formulierung der Inhalte
- Einfache Möglichkeit der Kontaktaufnahme
- Zusatzangebote wie z.B. Online-Rechner etc.
- Unkomplizierte, sichere Zahlungsabwicklung

Eine weitere wichtige Verkaufsform des unpersönlichen Verkaufs ist das Direct Mailing. Hierunter sind persönlich adressierte Werbebriefe zu verstehen, die nach wie vor als das wichtigste und wirkungsvollste Werbemittel im Direktmarketing gelten. Ein Privathaushalt erhält pro Woche ca. drei bis vier Werbebriefe. Etwa 50–70 % werden innerhalb von 20 Sekunden weggeworfen, aber 90 % werden geöffnet. Die Erfolgsquote liegt bei ein bis zwei Prozent und lässt sich bei konkreter Zielgruppenansprache auf fünf bis zehn steigern.

Direct Mailing ist eine kostengünstige, schnell umsetzbare, zuverlässige und zielgruppengerecht zu gestaltende Möglichkeit des Verkaufs. Wichtig sind auch hier die klare, überzeugende Ansprache des Kunden und die Verdeutlichung eines persönlichen Nutzenversprechens in einfachen Worten.

1.3 Der Stellenwert der Beratung

Beratung ist nicht alles –
aber alles ist nichts ohne Beratung!

Dieses abgewandelte Sprichwort hat für alle beschriebenen Verkaufsarten Gültigkeit. Kunden wünschen Beratung, wenn sie Hilfe und Informationen zum Treffen von Kaufentscheidungen benötigen. Diese Beratung erwarten sie vom Fachpersonal oder direkt vom Anbieter. Der

Beratungsbedarf des Kunden ist generell abhängig von folgenden Aspekten:

- Komplexität des Produkts
- Höhe der Anschaffungs- und Folgekosten
- Persönliche Situation des Kunden
- Umfang der Vorabinformationen, die der Kunde bereits gesammelt hat

Bei teuren oder komplexen – d.h. beratungsintensiven – Produkten wie z.B. Autos, hochwertigem Schmuck oder Einfamilienhäusern kommt der Verkauf ohne Beratung nicht aus. Sie schafft die Grundlage dafür, dass der Kunde überhaupt kaufen kann. Bei geringwertigen Produkten oder Kaufentscheidungen von geringer Bedeutung, z.B. bei Waren des täglichen Bedarfs, ist es dagegen die Aufgabe des Kundenberaters, dem Kunden das Kaufen so unkompliziert wie möglich zu gestalten. Individuelle, auf ihn zugeschnittene Lösungsvorschläge helfen dem Kunden Zeit zu sparen und erleichtern ihm die Entscheidung.

> *Die Intensität der Beratung und ihr Anteil am Verkaufsvorgang variieren entsprechend der Verkaufsart.*

Die geringste Bedeutung hat die Beratung beim unpersönlichen Verkauf. Wenn der Kunde hier Fragen hat, muss er sich selbst darum kümmern, dass er Antworten erhält bzw. beraten wird. Das bedeutet, dass er recherchieren oder eine Anfrage an den Anbieter stellen muss. Diese kann je nach Kontaktmöglichkeit telefonisch oder schriftlich erfolgen und im letzteren Fall nur mit Zeitverzögerung beantwortet werden. Rückfragen sind im unpersönlichen Verkauf reine Kostenfaktoren und mindern die Vorteile dieser Verkaufsart. Um das zu vermeiden, müssen Anbieter ihre Angebote möglichst so darstellen, dass keine Fragen offen bleiben. Dennoch gehört es zum Service, dass Kunden unproblematisch Informationen einholen können. In der Praxis wird sich ein Kunde, der sich nicht ausreichend informiert und in seiner Kaufentscheidung unterstützt fühlt, gegen den Kauf oder für eine Beratung im stationären Einzelhandel entscheiden.

Die Beratung beim halbpersönlichen Verkauf ist dagegen eher unproblematisch. Hat ein Kunde in einer Telefonsituation Fragen oder benötigt er Hilfe, wird er das entweder zum Ausdruck bringen oder seine Ablehnung zeigen. In diesem Fall muss der geschulte Verkaufsmitarbeiter anhand der Kundenreaktion unterscheiden, ob die Ablehnung Missfallen oder Unsicherheit ausdrückt.

Wenn sich herausstellt, dass für den Kunden noch Punkte offen sind, wird er versuchen, die Hintergründe zu erfragen. Seine Reaktion darauf kann umgehend erfolgen. Die Schwierigkeit liegt hier folglich im Abschätzen der Situation, was dadurch erschwert wird, dass Kunde und Verkaufsmitarbeiter sich auf die akustische Wahrnehmung des anderen und die richtige Deutung des Gesagten verlassen müssen. Sie erfahren keine Unterstützung durch das Beobachten der Körpersprache ihres Gesprächspartners, die dessen Gemütszustand widerspiegelt. So kommen Unsicherheit und Unentschlossenheit durch einen fragenden Gesichtsausdruck und eine verschlossene Körperhaltung, wie z.B. das Verschränken der Arme oder das nachdenkliche Fassen des Kinns, zum Ausdruck.

Die größte Bedeutung hat die Beratung beim persönlichen Verkauf. In diesem Bereich ist sie am wirkungsvollsten durchführbar und wird vom Kunden am stärksten genutzt und eingefordert. Für den Handel ist die Beratung eine Kernkompetenz. Sie trägt bedeutend zu seinem Image sowie zu seiner Abgrenzung vom Wettbewerb und von anderen Verkaufsformen bei.

In Zeiten des unbegrenzten Einkaufens und austauschbarer Sortimente sind die Qualität und der Umgang mit der Beratung häufig das einzige Unterscheidungskriterium zwischen verschiedenen Anbietern.

Die Beratung ist unmittelbar mit der Personalausstattung und dessen Fachkompetenz verknüpft. Mit dem anhaltenden Personalabbau und den umfassenden Kostensenkungsmaßnahmen im persönlichen Verkauf nimmt auch die Qualität der Beratung ab. Von Herstellern angebotene Schulungen und Informationsmaterialien werden häufig nicht wahrgenommen, weil die Personaldecke die Teilnahme an Fortbildungsmaßnahmen nicht zulässt. Noch problematischer ist der Versuch, die Beratungskompetenz durch Niedrigpreise zu ersetzen. Der Handel leidet immer noch unter den Auswirkungen des ruinösen Preiswettbewerbs und mangelnder Alleinstellung.

Mit zunehmender Verbreitung der Selbstbedienung wird die Beratung des Kunden beim persönlichen Verkauf immer stärker verdrängt. Ihren Stellenwert nehmen andere Mittel der Kommunikation ein:

- Verpackung
- Preis- und Regalschilder
- Werbung und Verkaufsförderung
- Medien

Will der Kunde beratende Auskünfte, muss er aktiv werden und sich informieren. Verpackungen und Schilder werden genutzt, um dem Verbraucher über die Basiskennzeichnung hinaus Zusatzinformationen rund um das Produkt zu geben, wie z.B.:

- Herstellungsverfahren und Herkunft (BIO, Rugmark – Verzicht auf Kinderarbeit, „Aus unserer Region")
- Aufbewahrungs- und Verwendungsempfehlung (Rezepte, Hinweis auf Kombinationsprodukte)
- Neuheiten und Sonderpreise („Neu", „Jetzt mehr Inhalt", „25 % gratis")
- Qualität (Güte- und Testsiegel: Demeter, Bio, GS)
- Pflegehinweise (Wasch- und Trockenanleitung)

Auch über die Medien erhält der Käufer Informationen zu Waren und Dienstleistungen. Diese werden vor der Kaufentscheidung zu Rate gezogen und ergänzen oder ersetzen die persönliche Beratung. Wie schon beschrieben, spielt das Internet hier eine zunehmend wichtige Rolle, aber auch die Werbung sowie die Veröffentlichung von Testergebnissen in Fernsehen, Hörfunk und Printmedien oder auch Verkaufsförderungsaktionen, wie z.B. Verkostungen und Gewinnspiele im Handel, „beraten" den Käufer.

In der Praxis zeigt sich, dass Beratungssituationen nicht immer einfach sind. Schwierig wird es beispielsweise, wenn viele Kunden auf einen Berater einströmen, wenn Kunden an der Kompetenz des Beraters zweifeln oder zwischen einem Kunden und seiner Begleitung keine Einigkeit hinsichtlich der Kaufentscheidung erzielt werden kann. Den konkreten Umgang mit diesen Situationen schildert Kapitel 3.5.

> *Ziel jeder Beratung ist es, dem Kunden die Unsicherheit*
> *zu nehmen und ihm Orientierungshilfen zu geben, die ihm*
> *eine zufrieden stellende Entscheidung ermöglichen.*

Das wird der Berater immer dann erreichen, wenn er die nötigen Informationen kundennah, kundenrelevant und glaubhaft vermittelt. Er muss dabei direkt auf die Kundensituation und den ganz persönlichen Kundennutzen eingehen. Damit ist die Beratung nicht nur Teil des Verkaufs, sondern auch ein Instrument der Kundenbindung. Sie bringt zum Ausdruck, wie kundenorientiert ein Unternehmen ist.

	Nr.	Frage	Antwort
Aufgaben zur Selbstkontrolle	1.	Wo liegt der Engpass in Käufer- und Verkäufermärkten? Wer bestimmt jeweils die Spielregeln?	
	2.	Warum beschreibt die Bezeichnung „Kundenberater" den Tätigkeitsbereich des Verkaufsmitarbeiters besser als der Ausdruck „Verkäufer"?	
	3.	Was ist der Unterschied zwischen Verkaufsart und Verkaufsform?	
	4.	Welche Verkaufsart wählen Sie für teure Produkte, die individuell für Kunden gestaltet werden, z.B. Maßkonfektion?	
	5.	Welche Verkaufsform wählen Sie für abgepackte Waren des täglichen Bedarfs?	

2 Kundenorientierung als Erfolgsfaktor

Lange waren Unternehmen darauf ausgerichtet, besonders hoch ent-
wickelte Produkte und Dienstleistungen anzubieten, um sich so auf dem
Markt zu behaupten und von Wettbewerbern abzugrenzen. Mit der Ver-
änderung der Märkte hin zu immer vergleichbareren Produkten, mehr
Markttransparenz und überwiegender Marktmacht der Kunden hat sich
auch die Einstellung der Unternehmen geändert. Da Erfolg heute nicht
mehr dadurch bestimmt wird, was ein Unternehmen tatsächlich leisten
kann, sondern dadurch, was der Kunde benötigt, richten die Unternehmen nun ihre Aktivitäten nicht mehr an der technischen Machbarkeit
aus, sondern an den Wünschen und Bedürfnissen der Kunden.

> *Ziel ist es, vom Kunden als der beste Anbieter wahrgenom-*
> *men zu werden, sich dadurch von der Konkurrenz abzuhe-*
> *ben und den Kunden langfristig an das Unternehmen zu*
> *binden, ganz nach dem Motto: „Zusammenkommen ist ein*
> *Anfang, Zusammenarbeiten ist ein Fortschritt,*
> *Zusammenbleiben ist ein Erfolg." (Henry Ford)*

2.1 Grundlegendes zur Kundenorientierung

Kundenorientierung ist zum Schlagwort unserer Zeit geworden, zum Erfolgsfaktor für Unternehmen jeglicher Art: Hersteller, Händler und Dienst-
leister. Dennoch wird in kaum einem Unternehmen Kundenorientierung
wirklich konsequent und in allen notwendigen Bereichen umgesetzt.
Zwar wird mit Kundenfreundlichkeit geworben, Mitarbeiter werden da-
hingehend geschult, und vereinzelt ist die Verpflichtung zur Kundenorientierung Bestandteil von Arbeitsverträgen, doch diese Maßnahmen machen Mitarbeiter nicht automatisch kundenorientiert. Kundenorientierung ist mehr als die Haltung der Mitarbeiter ihren Kunden gegenüber.

> *Kundenorientierung beschreibt die Ausrichtung des*
> *Denkens und Handelns des gesamten Unternehmens an*
> *den Kundenwünschen, Bedürfnissen und Problemen vor,*
> *während und nach dem Kauf.*

Das Missverhältnis zwischen Anforderung und Realität entsteht häufig dadurch, dass Unternehmen weder eine entsprechende Unternehmenskultur haben noch die nötigen Prozesse etabliert sind, die es Mitarbeitern ermöglichen, konsequent kundenorientiert zu handeln. Auch fehlen oftmals die finanziellen Mittel und die langfristige Ausrichtung entsprechender Maßnahmen.

In den folgenden Abschnitten wird beschrieben, welche Anforderungen ein Unternehmen erfüllen muss, um wirklich kundenorientiert handeln zu können.

Kundenorientierung als Teil der Unternehmenskultur

Kundenorientierung darf den Mitarbeitern nicht aufgesetzt werden, sondern muss als Teil der Unternehmenskultur im Leitbild verankert sein. Dabei wird sie sich nicht durchsetzen, wenn sie lediglich festgeschrieben wird, sich das Verhalten im Unternehmen aber nicht ändert.

> *Kundenorientierung kann nur dann nach außen hin glaubhaft sein, wenn sie intern – im Unternehmen – gelebt wird.*

Das bedeutet, dass auch Vorgesetzte Mitarbeitern gegenüber entsprechend handeln und sie als Kunden verstehen.

> *Ohne Mitarbeiterorientierung ist keine Kundenorientierung möglich.*

Etablierung von Prozessen

Mitarbeiter, die kundenorientiert handeln sollen, müssen die Möglichkeit haben, Kundenwünsche konkret umzusetzen, und müssen ihre Kompetenzen kennen. Auf dieses Ziel hin müssen alle internen Prozesse abgestimmt werden. Wenn z.B. eine Reklamation nicht zügig abgewickelt werden kann, weil nur der Abteilungsleiter Entscheidungen treffen darf und gerade nicht verfügbar ist, wird das den Kunden zusätzlich verärgern und den Mitarbeiter trotz angestrebter Kundenorientierung ausbremsen. Ebenso kontraproduktiv ist es, wenn sich zugesagte Liefertermine verschieben, weil die interne Logistik länger dauert, als bei der Auftragsbestätigung kalkuliert wurde.

Strategische Ausrichtung der Kundenorientierung

Kundenorientierung ist keine Einzelmaßnahme wie z .B. eine zeitlich

befristete kostenlose Lieferung. Vielmehr handelt es sich um die langfristige Ausrichtung der Unternehmensaktivitäten am Kunden. Das
erfordert Zeit, Geld und das Bekenntnis der gesamten Belegschaft.
Gleichzeitig ist Kundenorientierung personalintensiv und steht damit
im direkten Gegensatz zur heutigen Personalpolitik.

Motivation der Mitarbeiter
Von den Mitarbeitern wird ein hohes Maß an Kundennähe erwartet.
Diese zeigt sich vor allem an folgendem Verhalten:
- hohe Problemlösungskompetenz
- große Flexibilität in der Leistungserbringung
- hohe Qualität bei der Beratung von Kunden
- hohe Dienstleistungsqualität
- große Servicebereitschaft
- Offenheit gegenüber Anregungen von Kunden
- aktives Informationsverhalten gegenüber Kunden

Das stellt hohe Anforderungen an die fachliche und menschliche Kompetenz der Mitarbeiter und kostet Zeit. Zur Unterstützung dieser Leistungen ist es wichtig, dass die Positionen mit entsprechend qualifi-
zierten Mitarbeitern besetzt und zusätzlich Leistungsanreize zur
Steigerung der Motivation geboten werden.
    Der Kunde erkennt die Kundenorientierung eines Unternehmens
sowohl an dessen Leistungen als auch am Verhalten der Mitarbeiter.
Folgendes ist für den Kunden maßgeblich:

Unternehmensleistungen	Mitarbeiterverhalten
• Serviceangebote: z.B. Reparatur-annahme, Lieferdienst, Hotline, verlängerte Garantien, Entsorgung von Altgeräten, Vor-Ort-Service, Finanzierungsmöglichkeiten • Zuverlässigkeit: z.B. Qualität, Liefersicherheit, Schnelligkeit der Auftragsabwicklung • Informationen über Produkte und Leistungen	• Freundlichkeit, Höflichkeit • Einfühlungsvermögen, Offenheit • Professioneller Umgang mit Reklamationen und Beschwerden

Generell gilt, dass man es nicht allen Kunden recht machen kann. Deshalb ist es erforderlich und richtig, sich auf die für das Unternehmen wesentlichen Kunden sowie auf das für das Unternehmen Machbare zu konzentrieren. Ziel sollte es dann sein, die Erwartungen der Kunden zu übertreffen und aus zufriedenen Kunden begeisterte Kunden zu machen.

2.2   Kundengruppen und Kundentypen

> *„Konsumenten sind Statistiken. Kunden sind Menschen."*
> *(Stanley Marcus)*

Um kundenorientiert handeln zu können, muss das Unternehmen seine Kunden gut kennen und verstehen. Kunden sind individuell und wollen nicht in „Schubladen" gesteckt werden. Doch sie lassen sich anhand ähnlicher, immer wiederkehrender Verhaltensweisen zu Kundengruppen zusammenfassen.

Für diese Gruppen wird ein Verhaltensrahmen erstellt, der Beratung und Verkauf erleichtert. Gleiches gilt für die Persönlichkeiten von Menschen, die in Kundentypen eingeteilt werden, für die es jeweils ein passendes Verhalten des Verkaufspersonals gibt.

2.2.1   Kundengruppen

Je nach Branche ist die Relevanz einzelner Kundengruppen sehr unterschiedlich. Hier sollen branchenübergreifend die vier wichtigsten aufgezeigt werden. Zwischen den Gruppen gibt es Überschneidungen, d.h.:

> *Kunden lassen sich immer mehreren Gruppen zuordnen.*

Kundengruppen nach Geschlecht

Das Einkaufsverhalten und die Einkaufsvorstellungen von Männern und Frauen sind sehr unterschiedlich. Häufig entstehen bei gemeinsamen Kaufentscheidungen Diskrepanzen, die Kundenberater ausgleichen müssen. Dabei sind die Zeiten, in denen Frauen der technische Sachverstand und Männern das Modebewusstsein fehlte, längst vorbei.

Kaufverhalten von Frauen	Kaufverhalten von Männern
• *Alltagseinkäufe erledigen Frauen gezielt und überlegt. Sie haben große Markenkenntnisse.* • *Nutzt eine Frau den Einkauf als Freizeitvergnügen, genießt sie ihn und nimmt sich Zeit.* • *Frauen vergleichen und lassen sich gerne anregen (Impulskäufe). Sie benötigen daher eine große Markenauswahl.* • *Für sie dominiert die Optik.*	• *Die meisten Einkäufe werden von Männern schnell und zielorientiert erledigt. Sie entscheiden zügig und benötigen dafür keine große Auswahl.* • *Ausnahmen hierfür sind der Kauf von Handwerksartikeln, Autos und technischen Geräten.* • *Sie legen Wert auf die Herkunft der Ware, deren technische Ausstattung und Funktionalität.*

Kundengruppen nach Alter

Menschen verändern sich mit dem Alter. Dies hat auch Einfluss auf ihr Kaufverhalten und ihre Erwartungen an Angebote, Geschäfte und an das Verkaufspersonal.

Kinder und Jugendliche

Die rund elf Millionen Sechs- bis 19-Jährigen verfügen insgesamt über mehr als 20 Milliarden Euro an Geld und Sparguthaben. Knapp 80 % treffen ihre Kaufentscheidungen ohne Rücksprache mit den Eltern. (Quelle: Kids VerbraucherAnalyse (KVA) 2003)

Kaufverhalten von Kindern (7-14 Jahre)	Kaufverhalten von Jugendlichen (14-21 Jahre)
• *Kinder dürfen im Rahmen des Taschengeldparagrafen Einkäufe tätigen.* • *Ihr Kaufverhalten ist werbegeprägt.* • *Sie sind die Kunden von morgen und haben Einfluss auf die Kaufentscheidungen ihrer Eltern.* • *Sie bedürfen der gleichen Aufmerksamkeit wie Erwachsene.*	• *Jugendliche haben zumeist konkrete Vorstellungen von dem gewünschten Produkt und wollen keine Beratung.* • *Aussehen, Marke und Aktualität eines Produkts sind ihnen wichtiger als Qualität und Haltbarkeit.* • *„Shoppen gehen" ist eine der beliebtesten Freizeitaktivitäten.*

Erwachsene

Die Gruppe der Erwachsenen ist in ihrem Kaufverhalten sehr heterogen und wird durch die anderen Kundengruppen und Kundentypen mit erfasst.

Ältere Erwachsene

Ältere Menschen sind in ihren Gewohnheiten stärker gefestigt. Sie bevorzugen eine persönliche Ansprache und sind häufig Stammkunden von Geschäften. Unter ihnen gibt es die so genannten „Best Agers", eine Gruppe, deren Bedeutung für den Verkauf stetig wächst. Sie verfügen über eine große Kaufkraft, sind fit, wollen das Leben genießen und sind aus diesen Gründen auch konsumfreudig. Die Gruppe der „Best Agers" bevorzugt Angebote, die die Vitalität und den Genuss betonen. Keinesfalls sollte man auf ihr Alter hinweisen oder ihnen „Seniorenprodukte" anbieten, da sie sich nicht als Senioren fühlen.

Kundengruppen nach Einkaufsverhalten

Das Einkaufsverhalten von Kunden lässt sich nicht anhand von Äußerlichkeiten kategorisieren. Bei der Unterteilung in Gruppen werden Gesichtspunkte wie Alter, Geschlecht, Einkommen und die individuelle Lebenssituation berücksichtigt. Daraus ergeben sich bestimmte Kaufgewohnheiten, die sich auf die Merkmale der nachgefragten Produkte und Dienstleistungen beziehen.

Kaufgewohnheit	Merkmale	Verkaufsempfehlung
Prestigekäufer	*Er kauft, um zu zeigen, was er sich leisten kann. Geltung ist ihm wichtig.*	● *Markenware* ● *Teure Angebote*
Neuheitenkäufer	*Er geht mit dem Trend, kauft neue und zukunftsweisende Angebote.*	● *Marktneuheiten* ● *Neuerscheinungen* ● *Mode-, Trendprodukte*
Designkäufer	*Er legt Wert auf einen bestimmten Stil und erfreut sich an Schönheit und Formen.*	● *Einzelstücke* ● *Geschmackssicherheit betonen*

Sicherheitskäufer	Er meidet Neues und Ungewohntes und nutzt Angebote, die er kennt. Vor dem Kauf informiert er sich intensiv.	● Bewährte Markenware ● Hinweis auf Testberichte, Gütezeichen, Erfahrungswerte
Leistungskäufer	Ihm sind Leistungsfähigkeit und Lebensdauer wichtig.	● Gebrauchsnutzen betonen ● Hinweis auf Testberichte und Leistungswerte
Preiskäufer	Er entscheidet nach dem Preis-Leistungs-Verhältnis, nutzt Preis-Mengen-Vorteile und vergleicht Angebote vor dem Kauf intensiv.	● Hervorheben von Sonderangeboten, Schnäppchen, Rabatten
Ökologiekäufer	Er kauft „natürliche" Produkte, achtet auf Herkunft, Herstellung und Umweltbewusstsein.	● Hinweis auf ökologische Aspekte, Gütezeichen

Auflistung in Anlehnung an Dietlmeier/Schmidt 2005

Kundengruppen nach Geschäftstreue

Diese Kundengruppen unterscheiden sich nach der Häufigkeit und dem Zweck ihres Einkaufs. Die Beratung und das Verkäuferverhalten tragen dem Rechnung.

Kundengruppe	Merkmal
Stammkunden	Stammkunden sind Kunden, die häufig oder regelmäßig bei demselben Anbieter kaufen. Meist sind ihr Name und ihre Einkaufsgewohnheiten bekannt, es besteht ein Vertrauensverhältnis. Sie sollten mit besonderer Aufmerksamkeit und Flexibilität behandelt werden.
Laufkunden	Diese Kunden kommen nur gelegentlich ins Geschäft, meist spontan, wenn dieses auf ihrem Weg liegt. Ziel ist es, sie zu Stammkunden zu machen und zu erreichen, dass sie positive Mundpropaganda für den Anbieter betreiben.

Sehkunden	*Sie kommen ohne feste Kaufabsicht in ein Geschäft, wollen nur bummeln, sich informieren oder Preise vergleichen. Um sie nicht unter Kaufzwang zu setzen, sollte man sie nicht aktiv ansprechen, aber eine generelle Bereitschaft zur Beratung signalisieren. Ziel ist es, aus dem Betrachter einen Käufer zu machen.*

2.2.2 Kundentypen

Aufgrund ihrer charakterlichen Eigenschaften verhalten sich Menschen unabhängig von ihren Kaufgewohnheiten und Vorlieben in der zwischenmenschlichen Kommunikation und ihrem Kaufverhalten auf individuelle Art und Weise. Dennoch lassen sich verschiedene Kundentypen herauskristallisieren. Verkaufsmitarbeitern wird ein darauf abgestimmtes Verhalten diesen Kundentypen gegenüber nahe gelegt.

Kundentyp	Merkmale	Verhaltensempfehlung
Der Redselige	*Redet viel, sucht die Hilfe des Verkäufers und dessen Anerkennung*	*Ruhig zuhören, geschickte Fragestellung zur Lenkung des Gesprächs, ehrliche Beratung*
Der Schweigsame	*Zurückhaltend, zögernd, äußert seine Wünsche nicht direkt*	*Offene Fragen zur Bedürfnisermittlung, geduldige Beratung, Reaktionen beobachten, Sicherheit geben, Vertrauen aufbauen*
Der Ungeduldige	*Ist in Eile, spricht schnell, wird schnell nervös, treibt das Gespräch an*	*Ruhig bleiben, zügig bedienen, wenig Fragen stellen*
Der Ruhige	*Ausgeglichen, langsam, überlegt lange, lässt sich viel zeigen*	*Nicht drängen, auf Details aufmerksam machen, Kaufentschluss unterstützen*

Der Unentschlossene	Unsicher, schwankend, kann sich nicht entscheiden, lässt sich vieles zeigen	Auswahl einengen, Entscheidungshilfen geben, freundlich und ruhig beraten, Argumente und Empfehlungen wiederholen
Der Experte	Selbstbewusst, äußert klare Vorstellungen, prüft die Ware	Sachliche und fachkompetente Beratung, detaillierte Informationen geben, entscheiden lassen
Der Misstrauische	Ist skeptisch und übervorsichtig, zweifelt persönliche Urteile an	Fachliche und sachliche Argumentation, Hinweis auf Testberichte, Gütezeichen, Produktinformation, Vorführung der Ware, den Kunden die Ware prüfen lassen
Der Angeber	Ist überheblich, laut, ich-bezogen	Recht geben, loben, persönlich ansprechen
Der Rationale	Kauft sachlich, logisch, analytisch	Sachliche und rationale Argumentation, Kunden die Ware prüfen lassen
Der Nörgelnde	Ist unzufrieden, findet immer negative, fehlerhafte Dinge	Ruhig bleiben, Einwände vorwegnehmen (siehe Kapitel 3.4)

2.3 Kaufmotive der Kunden

Um Kunden gezielt ansprechen, sie richtig verstehen und ihnen eine optimale Problemlösung bieten zu können, muss man nicht nur ihre Persönlichkeit berücksichtigen, sondern vor allem ihre Kaufmotive kennen.

Kaufmotive sind Beweggründe, die einen Kunden zum Kauf veranlassen.

So ist z.B. der Wunsch nach Sicherheit der Grund für den Abschluss einer Versicherung oder die Bequemlichkeit das Motiv für den Kauf von Fertigprodukten.

Man unterscheidet zwei Arten von Kaufmotiven:
- Rationale Kaufmotive, die durch die Vernunft begründet sind
- Emotionale Kaufmotive, die durch das Gefühl geleitet sind

80 % der Kaufentscheidungen werden aus emotionalen Gründen getroffen, nur 20 % aus rationalen.
   Folgende Übersicht zeigt die wichtigsten Kaufmotive:

rationale Kaufmotive	emotionale Kaufmotive
• *Sicherheit*	• *Ansehen, Geltung*
• *Gesundheit*	• *Bequemlichkeit*
• *Sparsamkeit*	• *Wohlbefinden*
• *Umweltbewusstsein*	• *Selbstentfaltung*
• *Notwendigkeit*	• *Fürsorge*
• *Zweckmäßigkeit*	• *Schönheitsempfinden*
	• *Zusammengehörigkeit, Geselligkeit*
	• *Erlebnis-, Beschäftigungswille*
	• *Neugierde*

Alle diese Beweggründe für den Kauf können dem Menschen bewusst sein oder unterbewusst vorliegen. Oftmals äußern Kunden dem Verkäufer gegenüber lediglich den Nutzen, den sie von einem Angebot erwarten. Da das dazu gehörende Kaufmotiv für einzelne Kunden unterschiedlich sein kann, muss der Verkäufer das Motiv kennen, um die richtige Leistung anbieten zu können.

Beispiel

Ein Kunde möchte ein neues Auto kaufen, mit dem er auch zur Arbeit fahren will. Hierfür können folgende Kaufmotive eine Rolle spielen:

- *Prestige/Geltung: Dem Kunden ist es wichtig, dass er bei seinen Kollegen Anerkennung findet.*
- *Sicherheit: Er legt Wert auf die Sicherheitsausstattung des Fahrzeugs (Airbags, Crash Tests etc.).*
- *Bequemlichkeit: Er kauft ein Auto, weil er Autofahren gegenüber öffentlichen Verkehrsmitteln angenehmer findet und der Zeitaufwand geringer ist.*
- *Sparsamkeit/Umwelt: Er möchte Geld sparen und sich ökologisch verhalten und sucht deshalb ein Auto mit einem geringen Kraftstoffverbrauch.*

Der Verkäufer wird sich bei Kenntnis des zutreffenden Motivs jeweils für die Präsentation eines entsprechenden Automodells entscheiden, das dem Kundenwunsch optimal entgegenkommt.

Je genauer ein Verkäufer die Kaufmotive seines Kunden kennt, desto eher ist er auch in der Lage, gute Alternativen zum Kaufwunsch des Kunden aufzuzeigen.

Beispiel

Eine Kundin kommt in ein Geschäft und möchte ein grünes Cocktailkleid kaufen. Da es in diesem Laden keine grünen Cocktailkleider gibt, fragt die Verkäuferin die Kundin, zu welchem Zweck sie das Kleid benötigt. Als die Kundin sagt, dass sie einen guten Eindruck auf einer Abendveranstaltung machen möchte, weiß die Verkäuferin, dass es der Kundin um ihr Ansehen geht, und kann nun entsprechende Alternativen anbieten.

Es ist grundlegend für kundenorientierte Verkaufsgespräche, die Kaufmotive der Kunden zu kennen und diese Kenntnisse auch gezielt einzusetzen (siehe Kapitel 3.2). Doch schon vor dem eigentlichen Verkaufsgespräch, d.h. bei der Kundengewinnung, ist es hilfreich, die für den Kunden relevanten Kaufmotive zu erkennen und darauf aufzubauen.

2.4 Kundengewinnung

Die Gewinnung neuer Kunden (Akquisition) ist eine wichtige Aufgabe des Verkaufs. Sie umfasst alle Maßnahmen, damit ein Kunde erstmalig bei einem Anbieter kauft. Neue Kunden werden gewonnen, indem bisherige Nichtverwender vom Nutzen des angebotenen Produkts oder der Dienstleistung überzeugt oder Kunden von Mitwettbewerbern abgeworben werden.

> *Die Kundenakquisition ist schwierig, da die Märkte gesättigt und Kunden besonders bei Produkten, die komplexe Kaufentscheidungen erfordern, zurückhaltend sind. Dennoch ist die Gewinnung neuer Kunden die Basis für Wachstum und Unternehmensbestand.*

Die Kundengewinnung kann aktiv oder passiv erfolgen:

aktiv	*passiv*
↓	↓
Akquisition im persönlichen oder halbpersönlichen Verkauf	*Unpersönlicher Verkauf, Werbung, Direktmarketing*
↓	↓
Aktive Kontaktaufnahme durch den Verkäufer	*Kunde muss den Kontakt von sich aus suchen*

Um Kunden erfolgreich zu akquirieren, ist ein planvolles, systematisches Vorgehen nötig. Je besser im Vorfeld über die Zielgruppe recherchiert wird, desto größer ist die Erfolgsquote. Grundlage für die gezielte Ansprache des Kunden ist die Kenntnis seiner Kaufmotive. Durch eine darauf abgestimmte Gesprächsführung kann die Aufmerksamkeit des Kunden erlangt, sein Interesse geweckt und ein Kaufwunsch gefestigt werden (AIDA-Formel). Dabei sind Referenzen hilfreich, die dem potenziellen Kunden signalisieren, dass bereits andere Käufer diesem Verkäufer vertraut und gute Erfahrungen mit ihm gesammelt haben.

Wichtiger Erfolgsfaktor bei der aktiven Akquisition ist die Person des Akquisiteurs und sein persönlicher Kontakt zum potenziellen Kunden. Käufer verfügen über eine Vielzahl von Informationsmöglichkeiten durch Medien, Internet oder das persönliche Umfeld, die vor einer Kaufentscheidung herangezogen werden. Die Erfahrung zeigt, dass diese

Quellen für den Kauf von unproblematischen und niedrigpreisigen Artikeln ausreichen. In komplexeren und teureren Kaufsituationen wird jedoch die Bedeutung der Medien überschätzt. Sie dienen dann lediglich der Vorabinformation, und erst der persönliche Kontakt zum Verkaufsmitarbeiter und die Beratung durch ihn sind ausschlaggebend für die Kaufentscheidung. Voraussetzung ist, dass der Kunde dem Verkäufer vertraut und seine Beratung annimmt, was wiederum von der menschlichen Kompetenz des Verkaufsberaters abhängt.

> *Entscheidend für eine erfolgreiche Geschäftsbeziehung ist der erste Eindruck, den der Verkäufer beim Kunden hinterlässt.*

Hierfür gibt es keine zweite Chance. Er entscheidet über Abbruch oder Fortsetzung der Geschäftsbeziehung.

2.5 Kundenzufriedenheit

> *Langfristiges Ziel jeder Verkaufs- und Beratungsaktivität ist nach heutiger Auffassung ein zufriedener Kunde.*

Der Kunde vergleicht seine persönlichen Erwartungen und Wünsche mit der wahrgenommenen Ausführung von Produkten und Dienstleistungen. Das Ergebnis bewertet er in Form von Zufriedenheit.

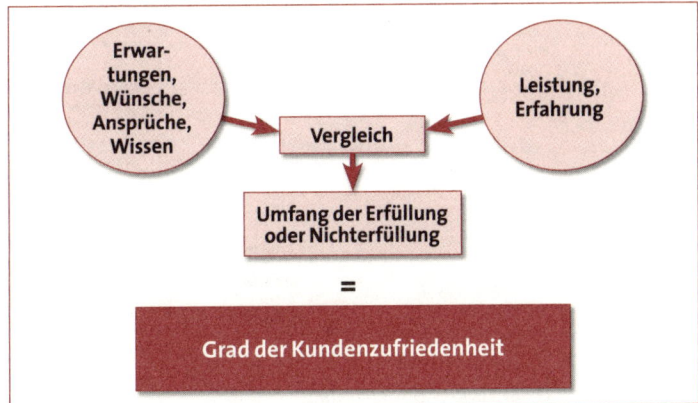

Dabei setzt er grundlegende Leistungen voraus und reagiert unzufrieden, wenn diese nicht erfüllt werden. Als Konsequenz sieht sich ein unzufriedener Kunde nach Alternativangeboten um und gibt seine negativen Erfahrungen an potenzielle Kunden weiter. Entsprechen die Leistungen den Erwartungen, ist der Kunde zufrieden, denn er bekommt, was er möchte. Werden die Erwartungen des Kunden aber übertroffen, reagiert er begeistert und ist vom Unternehmen überzeugt. Dies hat ein positives Verhalten zur Folge.

> **Beispiel**
>
> *Ein Kunde, der Brötchen kauft, ärgert sich, wenn die Tüte, in der die Brötchen sind, reißt oder wenn die Brötchen pappig sind. Er ist zufrieden, wenn die Brötchen, die er kaufen möchte, angeboten werden und sie ihm schmecken. Große Zufriedenheit bzw. Begeisterung wird er äußern, wenn er zum Probieren ein anderes Brötchen kostenlos dazu bekommt oder wenn seine Geschäftstreue durch eine kleine Aufmerksamkeit anerkannt wird.*

Die geschilderten Zusammenhänge werden in der Pyramide der Kundenzufriedenheit von Lothar S. Seiwert (1998) veranschaulicht:

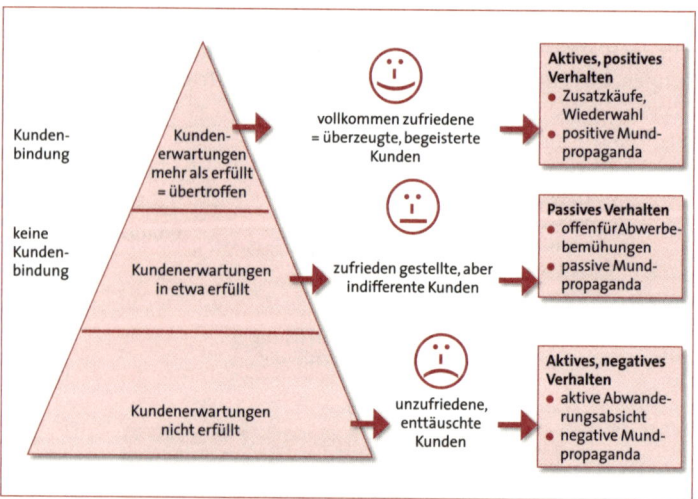

Abb. 2.1: Pyramide der Kundenzufriedenheit

Seiwert führt diverse Studien auf, in denen die Reaktionen zufriedener und unzufriedener Kunden untersucht wurden:

Reaktionen zufriedener Kunden	*Reaktionen unzufriedener Kunden*
• *Die Wahrscheinlichkeit eines Wiederkaufs ist bei sehr zufriedenen Kunden um 300 % höher als bei „nur" zufriedenen.* • *Sehr zufriedene Kunden geben ihre Erfahrung zu 100 % an potenzielle Kunden weiter.* • *Jeder zufriedene Kunde bringt drei neue Kunden.* • *Für Stammkunden ist der Preis weniger kaufentscheidend.* • *Jedes erfolgreiche Lösen einer Beschwerde wird fünf weiteren Personen mitgeteilt.*	• *Nur einer von 27 unzufriedenen Kunden beschwert sich.* • *Ein unzufriedener Kunde erzählt seine Erfahrungen zehn potenziellen Kunden weiter.* • *Mindestens jeder vierte unzufriedene Kunde wechselt bei einer besseren Alternative den Anbieter.* • *Für 75 % der Kunden, die den Anbieter wechseln, liegt der Grund in der mangelnden Servicequalität.* • *30 % des Jahresumsatzes werden für die Wiedergutmachung von Fehlern ausgegeben.*

Diese Ergebnisse zeigen, dass es sich lohnt, in Kundenzufriedenheit zu investieren. Dennoch wechseln auch zufriedene und begeisterte Kunden Angebote oder Anbieter. Dies hat u.a. folgende Gründe:

- Wunsch nach Abwechslung
- Bequemlichkeit
- Vielzahl ähnlicher Alternativangebote
- Mitarbeiterfluktuation
- Image
- Preissteigerungen
- Wechsel aus Prinzip

> *Kundenzufriedenheit ist also die Basis für Erfolg, aber keine Garantie für die Dauer einer Geschäftsbeziehung.*

Um zu wissen, wie groß die Zufriedenheit der Kunden mit dem Unternehmen und seinen Angeboten ist, ist es wichtig, mit den Kunden im Gespräch zu bleiben. Dies kann über Methoden der Marktforschung, wie z.B. durch Fragebögen, geschehen. Nicht immer ist aber eine aufwändige Befragung nötig, es reichen zuweilen Fragen wie:„Sind Sie mit unserer Leistung zufrieden?", „Was können wir noch besser machen?" In der Regel werden Kunden hierauf sehr genau antworten.

Anhand folgender Merkmale lässt sich Kundenzufriedenheit messen:
- Anzahl und Inhalt von Reklamationen
- Inhalt von Kundenanfragen (besonders nach nicht angebotenen Leistungen)
- Anregungen durch Kunden (besonders in Bezug auf die Konkurrenz)
- Ergebnisse von Kunden- und Verkäuferbefragungen
- Auftragsquote und Auftragsumfang bei Stammkunden (Wiederkaufrate)
- Auftragsquote von Neukunden
- Wiedergewinnungsrate bei ehemaligen Kunden

Für den Einzelhandel wurden u.a. folgende Gründe für das Abwandern von Kunden ermittelt (vgl. Wilson, 1996):
- 68 % wurden missachtet oder gleichgültig behandelt
- 14 % beschwerten sich vergeblich
- 9 % kauften woanders günstiger

Dies belegt, dass die Faktoren, die für die Kundenzufriedenheit ausschlaggebend sind, zunehmend weniger mit dem Angebot selbst zu tun haben, wie z.B. Preis, Leistung oder Qualität, sondern stärker von den damit verbundenen Serviceleistungen und dem Verhalten der Mitarbeiter abhängen. So ist den Kunden u.a. Folgendes wichtig:
- Der Umgang der Mitarbeiter mit den Kunden: z.B. Freundlichkeit, Glaubwürdigkeit, Höflichkeit
- Das Einfühlungsvermögen der Mitarbeiter: z.B. Kenntnis von Kundenbedürfnissen, effektive Problemlösung
- Die Zuverlässigkeit des Unternehmens: z.B. Einhalten von Leistungszusagen, Ernstnehmen von Kundenproblemen, verlässliche und umfassende Informationen
- Der Service: z.B. Lieferung, Reparatur, Montage, die Bereitschaft, dem Kunden zu helfen
- Das Umfeld des Kaufs: z.B. Verkaufsraumgestaltung, Öffnungszeiten, Erscheinungsbild der Mitarbeiter

Diese Aufzählung verdeutlicht, dass vor, während und nach dem Kauf auf die Zufriedenheit des Kunden Einfluss genommen werden kann. Alle drei Phasen sind ausschlaggebend für die Bindung des Kunden an das Unternehmen.

> *Die Kundenzufriedenheit ist damit ein Indikator für die Qualität von Kundenbindungsmaßnahmen. Sie hat konkrete Auswirkungen auf Kundenbindung, Kundenloyalität und damit auf den wirtschaftlichen Erfolg eines Unternehmens.*

2.6 Kundenbindung

Kundenbindung umfasst alle Aktivitäten, die darauf abzielen, die Beziehung zwischen Kunden und Unternehmen zur gegenseitigen Zufriedenheit zu gestalten und für die Zukunft zu stabilisieren. Dies beinhaltet sowohl die Bemühungen des Unternehmens als auch die Bereitschaft des Kunden, dem Unternehmen gegenüber loyal zu sein.

In stark umkämpften Märkten ist die Bindung von Kunden immer wichtiger für einen langfristigen Erfolg. Dagegen wird die Gewinnung neuer Kunden immer schwieriger, aufwändiger und teurer. Je nach Branche kostet sie fünf- bis achtmal so viel wie die Bindung bestehender Kunden.

> *Neukundengewinnung bindet Ressourcen, die dann für die Pflege von Stammkunden fehlen.*

Anhand der Gegenüberstellung von Bestandskundenpflege und Neukundensuche werden die Vor- und Nachteile deutlich.

Bestandskundenpflege	Neukundensuche
• *Geringere Kosten*	• *Höherer Kostenaufwand*
• *Geringerer Aufwand bei der Auftragsbearbeitung*	• *Zeit- und arbeitsintensiv*
• *Größere Auftragssicherheit*	• *Größeres Risiko*
• *Zusatzverkäufe (Cross Selling)*	• *Keine Erfahrungswerte im Umgang mit den Kunden*

• Schnellere Reaktionen möglich, da der Kunde bekannt ist	• Erfolge häufig nur über den Preis
• Gezielter Einsatz von Werbemaßnahmen	• Unklare Entwicklung der Geschäftsbeziehung
• Geringeres Geschäftsrisiko	
• Niedrigerer Beratungsaufwand	
• Schnellere Kaufentscheidung	
• Weniger Beschwerden	
• Empfehlungsgeschäfte	

Die Bindung von Bestandskunden an das Unternehmen ist also ein wesentlicher Erfolgsfaktor und im Wettbewerb ausschlaggebender als der Preis. Loyale Kunden sichern den Umsatz und senken gleichzeitig die Kosten, da sie öfter und mehr kaufen, weniger preissensibel sind, für das Unternehmen werben, weniger reklamieren und eine gezielte Kommunikation mit ihnen möglich ist.

Generell nimmt die Loyalität von Kunden aufgrund einer stärkeren Markttransparenz, steigender Mobilität und einer Vielzahl guter Anbieter mit austauschbaren Angeboten ab. Basis für die Kundenbindung ist deshalb neben der Kundenorientierung des Unternehmens und der Kenntnis der Kundenzufriedenheit auch die aktive Vermeidung von Gründen, die Kunden zum Wechsel eines Angebotes veranlassen. Kunden werden immer dann den Anbieter wechseln, wenn sie Anlass dazu haben oder wenn sich ihnen hierfür eine Gelegenheit bietet.

2.6.1   Maßnahmen zur Kundenbindung

Kunden vom Unternehmen abhängig machen

Die Erfahrung zeigt, dass Kunden, die mehr als ein Produkt von einem Anbieter beziehen, diesem eher treu sind. Besonders ausgeprägt ist dies bei Versicherungen und Finanzdienstleistern. Beispielsweise bringt der Besitz eines Finanzproduktes dem Unternehmen eine Kundentreue von 50 %, zwei Produkte 70 % und drei Produkte sogar 90 % (Zielke, 1997). Auch die Bindung von Kunden durch ihr besonderes Vertrauen zu Mitarbeitern des Unternehmens zählt hierzu.

Kunden vertraglich binden

Längere vertragliche Laufzeiten geben dem Unternehmen die Chance, unzufriedene Kunden wieder zufrieden zu stellen. Dennoch wird ein unzufriedener Kunde oder einer, der aus individuellen Gründen wechseln möchte, dadurch langfristig nicht haltbar sein.

Kunden überzeugen und besser sein als die Konkurrenz

Die klare Abgrenzung von der Konkurrenz, ein besseres Image bzw. Leistungsangebot und vor allem überzeugende Serviceleistungen führen dazu, dass Kunden sich langfristig an ein Unternehmen binden. Dabei erwarten sie Vorteile im Vergleich zu Konkurrenzangeboten, die einen wesentlichen Nutzen für sie darstellen. Häufig führen die Anstrengungen von Anbietern, sich von der Konkurrenz abzuheben, dazu, dass Angebote entwickelt werden, deren vermeintliche Vorzüge keine Relevanz mehr für den Kunden haben und damit auch nicht zur Kundenbindung beitragen. Wer nutzt schon alle Funktionen, die ihm sein Handy bietet?

> *Ein niedriger Preis und eine hohe Qualität sind heute keine Garanten mehr für Kundenbindung.*

Diese ist eher durch Neben- und Zusatzleistungen (z.B. Service, Beratung, offene Informationspolitik, professionelles Personal) zu erlangen. Auch Emotionen spielen eine Rolle. Fühlen sich Kunden emotional mit dem Anbieter verbunden, ist die Loyalität höher und die Gefahr des Abwanderns geringer. Um zu wissen, was für den Kunden relevant ist, müssen Markt, Kunden und Konkurrenz kontinuierlich beobachtet werden. Dadurch werden dem Unternehmen Trends und Entwicklungen aufgezeigt, die Einflüsse auf Kundenerwartungen und -wünsche haben. Dem wird die Leistungsfähigkeit des Anbieters und seine unternehmerische Zielsetzung gegenübergestellt. Ist diese z.B. auf eine kurzfristige Geschäftsbeziehung ausgerichtet oder ist die Kaufentscheidung durch den günstigsten Preis geprägt, kann es sein, dass der Anbieter für diesen Kundenkreis keine langfristige Bindung beabsichtigt.

2.6.2 Instrumente der Kundenbindung

Die Kreativität der Unternehmen, immer neue Kundenbindungsmodelle zu erfinden, scheint grenzenlos zu sein.

Aus diesem Grund zeigt die folgende Übersicht über die vier Arten der Kundenbindung nur beispielhaft, welche Instrumente zur Kundenbindung denkbar sind.

Psychologische Kundenbindung

Die psychologische Kundenbindung basiert auf der Zufriedenheit des Kunden und seiner bewussten Entscheidung für das Unternehmen. Sie ist die wichtigste und sicherste Methode, Kunden zu binden, da die meisten Kaufentscheidungen emotional motiviert sind.

> **Beispiele**
>
> - *Kundenkarten: Happy Digits*
> - *Kundenzeitungen: ADAC, Apotheke*
> - *Kundenclubs: IKEA Family*
> - *Kundenbetreuungsmaßnahmen: geringe Wartezeiten an Schaltern*
> - *Events: Neuproduktvorstellung*
> - *Werbegeschenke, Prämien*
> - *Informationen: Mailings, Newsletter*

Ökonomische Kundenbindung

Bei der ökonomischen Kundenbindung stehen die Kosten im Vordergrund, die dem Kunden entstehen, wenn er den Anbieter wechselt. Sind diese höher als der mögliche Vorteil, der durch den Wechsel entsteht, wird er zunächst nicht wechseln, voraussichtlich aber die nächste sich bietende Gelegenheit dazu nutzen.

> **Beispiele**
>
> - *Rabatt- und Bonussysteme: Kundenkarten, Vielfliegerprogramme – bei Kündigung droht der Verlust des Anspruchs auf erworbene Vorteile*
> - *Lange Vertragslaufzeiten mit hohen Austrittsgebühren oder aufwändigen Austrittsverfahren*

Vertragliche Kundenbindung

Die vertragliche Kundenbindung basiert auf rechtlich zwingenden Vereinbarungen, die den Kunden an den Anbieter binden.

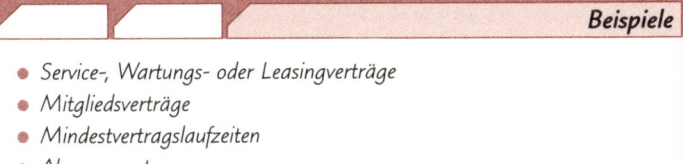

Beispiele

- *Service-, Wartungs- oder Leasingverträge*
- *Mitgliedsverträge*
- *Mindestvertragslaufzeiten*
- *Abonnements*

Technologische Kundenbindung

Die technologische Kundenbindung beschreibt die Abhängigkeit eines Kunden von einem Anbieter, wenn er Zusatzleistungen für bereits erworbene Angebote benötigt und diese aus Gründen der technischen Funktionalität über den gleichen Anbieter beziehen muss.

Beispiele

- *Das elektronische Auslesen der Fehleranzeigen bei Autos, das nur in Vertragswerkstätten möglich ist*
- *Zubehör für Elektrogeräte, das nur bei Originalware kompatibel ist (z.B. Reinigungspatronen für Elektrorasierer, Kaffeepatronen für Vollautomaten)*
- *Ersatz- und Ergänzungsteile für Spielwaren*

2.6.3 Customer Relationship Management

In größeren Unternehmen wird der Gedanke der Kundenorientierung und Kundenbindung durch das Konzept des Customer Relationship Management (CRM) unterstützt. CRM dokumentiert die kundengerichtete Kommunikation, versorgt sie mit Daten und Fakten, deckt Schwachstellen auf und hilft so bei der Optimierung der Bereiche Neukundengewinnung, Bestandskundenpflege und After-Sales-Management. Hierzu werden Kundendateien angelegt, in die alle wichtigen Fakten über den Kunden aufgenommen werden. Diese beinhalten sowohl geschäftliche als auch persönliche Informationen:

Geschäftliche Informationen	Persönliche Informationen
• Umsatz	• Geburtstage und Jubiläen
• Art und Anzahl gekaufter Angebote	• Interessen und Vorlieben
• Käuferverhalten, Kaufmotive	• Gewohnheiten
• Kaufentscheider	• Netzwerke

Eine gut gepflegte Kundendatei ermöglicht es dem Unternehmen, Kunden individuell, zum richtigen Zeitpunkt und mit maßgeschneiderten Angeboten persönlich anzusprechen. Damit wird das Kundenpotenzial besser ausgeschöpft und die Kundenzufriedenheit gesteigert.

2.6.4 Beschwerdemanagement

Kundenbindung erfolgt vor, während und nach dem Kauf, d.h. sie beschränkt sich nicht auf die Zufriedenstellung des Kunden beim Kaufabschluss. Auch die Absicherung der Nachkaufsituation durch ein systematisches Beschwerdemanagement gehört dazu.

> *Unter Beschwerdemanagement versteht man die gezielte, systematische Erfassung, Analyse und Bewertung von Kundenbeschwerden, Reklamationen und Umtauschsituationen.*

Beschwert sich ein Kunde, sollte dies nicht als Last empfunden, sondern als Chance zur Weiterentwicklung und stetigen Verbesserung der Kundenorientierung verstanden werden. Außerdem sind Beschwerden ein Frühwarnsystem, da so sich entwickelnde Probleme erkannt und behoben werden können, bevor sie zu größeren Schwierigkeiten führen. Nur wenige unzufriedene Kunden beschweren sich tatsächlich – der Rest betreibt negative Mundpropaganda. Deshalb sollte es für Kunden so einfach wie möglich sein, ihre Hemmschwelle zu überwinden und sich, falls nötig, zu beschweren. Die Beschwerde kann entweder persönlich, d.h. mündlich, oder medial, z.B. schriftlich, erfolgen. Unabhängig davon, wie eine Beschwerde geäußert wird, muss sie dokumentiert und wie unten beschrieben behandelt werden.

Häufig führt weniger der Grund für eine Reklamation zur Verärgerung des Kunden als der ungeschickte Umgang des Verkaufspersonals damit. Fühlt sich ein Kunde, der sich beschwert, verstanden und merkt er, dass seine Beschwerde schnell gelöst wird und eine Konsequenz nach sich zieht, ist er zufrieden. Dadurch kann aus einem reklamierenden Kunden ein empfehlender Kunde werden, denn gemeinsam überstandene Schwierigkeiten stärken den Zusammenhalt. Eine Studie belegt, dass 95 % der verärgerten Kunden einem Unternehmen treu bleiben, wenn ihr Problem innerhalb von fünf Tagen gelöst wird.

> *Ziel des Beschwerdemanagements ist die Planung, Durchführung und Kontrolle vorbeugender Maßnahmen zur Kundenzufriedenheit, um zukünftige Beschwerden zu vermeiden.*

Folgendes ist dabei zu beachten:
- Kundenbeschwerden müssen immer ernst genommen werden.
- Die Reaktion auf die Beschwerde muss zeitnah erfolgen.
- Der Ablauf der Beschwerdehandhabung muss einheitlich für alle Situationen geregelt sein.
- Die Mitarbeiter brauchen klare Handlungsstandards.
- Konsequenzen müssen für die Kunden erkennbar sein und umgesetzt werden (sonst wandern Kunden ab).
- Mitarbeiter benötigen Schulungen.

Aus diesen Anforderungen lässt sich der folgende Prozess für die Handhabung von Beschwerden ableiten:

Beschwerde durch den Kunden
↓
Beschwerdeannahme: ruhig, freundlich, offen, standardisiert, z.B. Servicehotline, Beschwerdeformular
↓
Beschwerdebearbeitung: zügig, konstruktiv problemlösend, mit sichtbarer Konsequenz für Kunden
↓
Beschwerdeauswertung: Auswertung und Bewertung der Beschwerde mit abschließendem Fazit daraus
↓
Beschwerdenutzung: Verwendung der Informationen für Verbesserungen im Unternehmen bzw. am Produkt und Kundenbindung, Weitergabe dieser Informationen an die Mitarbeiter

---

Nr.	Frage	Antwort
1.	Worin unterscheiden sich Kundenorientierung, Kundenzufriedenheit und Kundenbindung?	
2.	Woran machen Kunden fest, ob ein Unternehmen kundenorientiert handelt?	
3.	Sie beraten einen misstrauischen Kunden, der Neuerungen gegenüber skeptisch ist. Wie verhalten Sie sich?	
4.	Warum ist Kundenbindung für die meisten Unternehmen grundlegend wichtig und doch so schwer umsetzbar?	
5.	Warum werden Beschwerden gesammelt und ausgewertet?	
6.	Erstellen Sie bitte eine Anleitung zur Kundenorientierung.	
7.	Ordnen Sie folgenden Aussagen die passenden Kaufmotive zu:	

Aufgaben zur Selbstkontrolle

Kundenaussage	Kaufmotiv
1) Ist das Kleid wirklich waschbar?	
2) Es muss ein Markenprodukt sein.	
3) Ich kaufe oft Fertigprodukte.	
4) Diese Farbe ist top-modern.	
5) Ich möchte auch am Strand eine gute Figur machen.	
6) Die Waschmaschine muss eine gute Energieklasse haben.	
7) Ich kaufe nur Bio-Produkte.	
8) Das Aussehen von Gummistiefeln ist egal, Hauptsache die Füße bleiben trocken.	

3 Das erfolgreiche Kundengespräch

Trotz aller modernen Verkaufsmethoden wird der Verkaufserfolg immer noch maßgeblich durch den persönlichen Kontakt zwischen dem Kunden und dem Verkaufsberater bestimmt.

Das erfolgreiche Kundengespräch ist der Kern des persönlichen Verkaufs.

3.1 Grundlagen des Kundengesprächs

Es werden verschiedene Arten von Kundengesprächen unterschieden, die entsprechende Herangehensweisen erfordern. Die wichtigsten werden in den folgenden Abschnitten dargestellt.

Das Verkaufsgespräch

Mit dem Verkaufsgespräch ist der klassische Verkauf gemeint: Es wird Kontakt zum Kunden aufgenommen, Ware angeboten und der Kaufabschluss herbeigeführt. Früher war es das Ziel des Verkaufsgesprächs, dem Kunden möglichst viele Waren oder Dienstleistungen zu verkaufen und damit den Gewinn des Unternehmens zu maximieren. Heute weiß man, dass Kunden Verkaufsvorgänge kritisch hinterfragen und gekaufte Ware bei Unzufriedenheit mit der Kaufentscheidung wieder zurückbringen. Deshalb ist der zufriedene Kunde, der gerne wiederkommt, oberste Zielsetzung.

Das Beratungsgespräch

Wenn der Kunde ein Beratungsgespräch wünscht, fehlen ihm Informationen und Lösungsansätze für sein Problem, die er vom Kundenberater erwartet. Dessen Aufgabe ist es, das Kundenbedürfnis und sein Kaufmotiv zu erkennen und eine optimale Problemlösung zu präsentieren. Dabei berät er den Kunden mit fachlicher und menschlicher Kompetenz und liefert alle erforderlichen Informationen für die Kaufentscheidung. Der eigentliche Kaufabschluss ist bei diesem Gespräch zunächst unerheblich. Ziel ist auch hier die Kundenzufriedenheit.

Das Kontaktgespräch

Das Kontaktgespräch dient dazu, einen persönlichen Kontakt zum Kunden aufzunehmen oder diesen zu pflegen. Ziel ist es, einen Kunden zu gewinnen oder zu binden, um zu einem späteren Zeitpunkt die Möglichkeit eines Beratungs- oder Verkaufsgesprächs zu erhalten.

Gemeinsames Ziel aller Gesprächsarten ist also der zufriedene Kunde. Ob dieses Ziel erreicht wird, hängt zentral vom Verkäufer ab.

3.1.1 Anforderungen an Verkäufer

Der Verkäufer vermittelt zwischen dem Kunden und dem Angebot des Unternehmens und ist damit sowohl Berater und Vertrauter des Kunden als auch Erfolgsfaktor und Visitenkarte des Unternehmens. Der Eindruck, den er beim Kunden erweckt, ist ausschlaggebend für den Erfolg oder Misserfolg des Verkaufsgesprächs. Aus diesem Grund werden an Verkaufsmitarbeiter, die im direkten Kontakt zu Kunden stehen, die folgenden grundsätzlichen Anforderungen gestellt:

Das Auftreten des Verkäufers

> *Ein Sprichwort sagt:„Es gibt keine zweite Chance für den ersten Eindruck."*

Dafür sind vor allem zwei Aspekte ausschlaggebend:
- Das Aussehen des Verkäufers
- Die Ausstrahlung des Verkäufers

Das gepflegte Aussehen des Verkäufers trägt dazu bei, dass er vertrauenswürdig, kompetent und sympathisch wirkt. Dies wird anhand folgender Kriterien beurteilt:
- Sauberkeit, Ordentlichkeit
- Keine aufdringlichen Gerüche (Körpergeruch, Duftstoffe)
- Kleidung, den Gepflogenheiten des Unternehmens oder der Branche angepasst

Ebenso entscheidend wie das Aussehen ist die Ausstrahlung des Verkäufers. Kunden wollen sich willkommen, verstanden, gut beraten und akzeptiert fühlen. Der Kundenberater sollte deshalb freundlich, offen und interessiert auftreten. Dabei muss er dem Kunden die volle Aufmerksamkeit zukommen lassen. So nimmt ihn dieser als vertrauenswürdigen, kompetenten Ansprechpartner wahr. Wichtig sind der Augenkontakt, gute Umgangsformen und eine zuvorkommende Behandlung des Kunden.

Charakterliche Eigenschaften des Verkäufers

Das oben beschriebene Verhalten setzt gewisse charakterliche Eigenschaften des Verkäufers voraus: Höflichkeit, Ehrlichkeit, Toleranz, Geduld und Gewissenhaftigkeit. Darüber hinaus sind für das Unternehmen noch Zuverlässigkeit, Teamfähigkeit und Pünktlichkeit wichtig.

Die Kenntnisse des Verkäufers

Ein Kundengespräch verläuft nur dann zur allgemeinen Zufriedenheit, wenn der Verkäufer über die notwendigen Kenntnisse verfügt:

- Fach- und Warenwissen
- Verkaufskenntnisse (Verkaufstechniken, Verkaufspsychologie, Gesprächsführung, Rhetorik)
- Betriebswissen (Zuständigkeiten, interne Regelungen und Vorschriften, wie z.B. Reklamationsabwicklungen)
- Allgemeinbildung

3.1.2 Kommunikationselemente im Kundengespräch

Während des Kundengesprächs müssen Verkaufsmitarbeiter Sympathie erzeugen, Vertrauen wecken, überzeugen und bei Entscheidungen helfen können. Kenntnisse über die Wirkung von Kommunikation unterstützen sie dabei. Die Kommunikation zwischen dem Kunden und dem Verkäufer umfasst sowohl die verbalen als auch die nonverbalen Elemente der Körpersprache. Beide beeinflussen die Art und Weise, wie Botschaften verstanden werden und wie darauf reagiert wird.

Verbale Elemente des Kundengesprächs

Sprachliche Elemente sind z.B. Aussprache, Satzbau, Sprachtempo und Sprachfluss. Für ein gutes Kundengespräch gelten folgende Regeln bzgl. der verbalen Elemente:

- Klare, deutliche Aussprache in einer Lautstärke, die der Kunde gut verstehen kann
- Formulierung kurzer vollständiger Sätze unter Vermeidung unnötiger Fachausdrücke und Fremdwörter

- Das Heben und Senken der Stimme, verbunden mit einem ausgeglichenen Sprachfluss (Pausen) und der richtigen Betonung, um den Inhalt des Gesprochenen und die Aussagen zu verdeutlichen

Nonverbale Elemente des Kundengesprächs

Die Körpersprache spiegelt die innere Einstellung eines Menschen wider. Häufig wird sie unterbewusst eingesetzt und auch wahrgenommen. Der gezielte Einsatz der Körpersprache im Kundengespräch unterstützt die Aussagekraft des Gesprochenen und trägt zum besseren Verständnis des Inhalts bei.

Elemente der Körpersprache:

Mimik: Der Gesichtsausdruck zeigt die Stimmung und die Haltung des Verkaufsmitarbeiters dem Kunden, Angebot und Unternehmen gegenüber. Ein offener Blick und freundlich leicht nach oben gezogene Mundwinkel beeinflussen den Kunden positiv, da sie Interesse und Vertrauen signalisieren.

Gestik: Die offene Haltung von Armen, Beinen, Händen und Füßen geben dem Kunden das Zeichen für die Bereitschaft und das Interesse des Verkäufers. Dagegen wirkt das Verschränken von Armen und Beinen abweisend.

Körperhaltung: Sie signalisiert sowohl Charaktereigenschaften wie z.B. Unsicherheit und Arroganz als auch Gemütszustände wie z.B. Langeweile oder Stress. Eine offene ausgeglichene Körperhaltung fördert das Gespräch, wogegen eine geschlossene dieses hemmt.

Bewegungsverhalten: Auch Bewegungen beeinflussen ein Gespräch. Sie sollten ruhig und ausgewogen sein.

Kommt es zum Kontakt zwischen dem Kunden und dem Verkäufer, geht die Bewegung hin zum Kunden (Zuwenden), die Körperhaltung öffnet sich, Gestik und Mimik zeigen Interesse und Offenheit.

Abb. 3.1: Die offene und geschlossene Körperhaltung des Verkäufers

Gesprächsförderer und Gesprächsstörer

Zusätzlich zu den oben genannten Elementen ist für die Übermittlung und das Verständnis einer Botschaft sowie für den Gesprächsverlauf auch die Formulierung des Gesprächsinhalts ausschlaggebend. Man unterscheidet hier Gesprächsförderer und Gesprächsstörer.

Gesprächsförderer sind verbale Äußerungen und Gesten, die eine angenehme Gesprächsatmosphäre herstellen und das Gespräch im Fluss halten. Sie wirken vertrauensbildend und erhöhen die Glaubwürdigkeit.

Gesprächsförderer	Beispiele
● Ersetzen negativ besetzter Wörter durch positive	Statt: teuer − besser: preiswert
● Grundsätzlich positiv formulieren	Statt: „Das ist zurzeit nicht lieferbar." besser:„ Die Lieferung erfolgt in Woche ..."
● Direkte Ansprache des Kunden im „Sie-Stil"	Statt: „Ich gebe Ihnen einen Prospekt." besser: „Dieser Prospekt ist für Sie."
● Formulierung von Empfehlungen aus Kundensicht	„Das Gerät entspricht genau Ihren Anforderungen, da es ..."
● Aktives, aufmerksames Zuhören	Kopfnicken, Augenkontakt, Bestätigungswörter wie z.B. „Aha", „Interessant"
● Nachfragen bei Unklarheiten	„Verstehe ich Sie richtig, dass ...?"
● Höfliche Formulierungen	Statt: „Was wollen Sie noch?" besser: „Was darf ich Ihnen noch zeigen?"

Gesprächsstörer hemmen den Gesprächsverlauf und sind schlecht für die Gesprächsatmosphäre. Sie müssen unbedingt vermieden werden.

Gesprächsstörer	Beispiele
● Kunden nicht bevormunden	Statt: „Das würde ich anders machen." besser: „Darf ich Ihnen einen Rat geben?"

• Vermeidung von Überheblichkeiten und Belehrungen	Statt: „Sie sehen doch, dass das da schwarz auf weiß steht." besser: „Hier können Sie alles noch einmal nachlesen."
• Vermeidung von Füllwörtern.	„Ähm", „äh"
• Kunden nicht zum Kauf überreden.	Statt: „Wenn Sie jetzt nicht zuschlagen, ist es bestimmt weg." besser: „Soll ich Ihnen die Ware zurücklegen?"
• Vermeidung von Superlativen	1000%ig, ungeschlagen, mega..., hyper...
• Vermeidung von Verkaufsphrasen	„Da haben Sie eine gute Wahl getroffen."

3.2   Phasen des Kundengesprächs

Analysiert man Kundengespräche, lassen sich sieben Gesprächsphasen erkennen, nach denen die meisten Gespräche ablaufen:

> • Phase 1: Gesprächsvorbereitung
> • Phase 2: Kontaktaufnahme
> • Phase 3: Ermittlung des Kundenwunsches
> • Phase 4: Präsentation des Angebots
> • Phase 5: Argumentation
> • Phase 6: Gesprächsabschluss
> • Phase 7: Gesprächsnachbereitung

In der Praxis können die einzelnen Phasen nicht immer sauber voneinander getrennt werden, sondern gehen ineinander über. Ihre Länge und Bedeutung hängen von der Branche, dem Angebot, der Betriebs- und Verkaufsform, der Kaufsituation, dem Kunden und dem Verkäufer ab. So fallen z.B. im Einzelhandel die Phasen 1 und 7 weitgehend weg, beim Kontaktgespräch dagegen die Phasen 4 bis 6. Im Folgenden wird exemplarisch das klassische Verkaufsgespräch für Waren geschildert. Die für die Beratung und den Verkauf von Dienstleistungen geltenden Besonderheiten werden in Kapitel 4 erläutert.

3.2.1 Phase 1: Gesprächsvorbereitung

Zur Vorbereitung des Kundengesprächs sammelt der Verkäufer alle verfügbaren Informationen über den Kunden, seine Wünsche und Kaufmotive (siehe auch Kapitel 2.3 und 2.6). Anhand dieser Punkte erfolgt die optimale Auswahl des Angebots, das dem Kunden den gewünschten individuellen Nutzen bringt. So ist es auch möglich, die Präsentation und Verkaufsargumentation darauf auszurichten, dass dem Kunden der Vorteil, den er durch das Angebot erhält, plausibel wird. Mögliche Einwände können dann fachkompetent und überzeugend behandelt werden. Je besser das Gespräch vorbereitet wird, umso größer ist die Wahrscheinlichkeit eines erfolgreichen Gesprächsverlaufs. Die Daten, die hierfür Grundlage sind, finden sich in der Kundendatei des Unternehmens.

Wird ein Neukunde kontaktiert oder geht der Verkäufer zum Kunden, gehören zur Gesprächsvorbereitung auch die Terminvereinbarung und die Planung, wie, wie oft und in welchen Abständen ein Kunde angesprochen wird.

3.2.2 Phase 2: Kontaktaufnahme

Kontakt zu einem bestehenden Kunden aufzunehmen, ist immer leichter als zu einem neuen, denn man kennt sich bereits und hat Anknüpfungspunkte. Kontakte können vorher per Telefon oder E-Mail angekündigt werden, aber auch ohne Vorbereitung des Kunden erfolgen. Wird der Kunde von der Kontaktaufnahme überrascht, muss der Kundenberater damit rechnen, dass er ungelegen kommt und zurückgewiesen wird. Der Vorteil ist, dass sowohl Kunde als auch Verkäufer einen Eindruck voneinander bekommen und der Verkaufsmitarbeiter die Möglichkeit erhält, zumindest das Interesse beim Kunden zu wecken, auch wenn der eigentliche Gesprächstermin auf einen anderen Zeitpunkt verschoben wird.

> *Grundsätzlich gilt es, bereits bei der Kontaktaufnahme eine Beziehung aufzubauen und so eine positive Verkaufsstimmung zu schaffen.*

Dies wird durch die oben beschriebenen verbalen und nonverbalen Kommunikationselemente erreicht. Dazu gehört auch, den Kunden möglichst mit seinem Namen anzusprechen und dabei zu lächeln – das spürt der Kunde sogar am Telefon. Eine gute Verkaufsstimmung schafft Vertrauen und signalisiert dem Kunden persönliche Wertschätzung. Im Einzelhandel ist es darüber hinaus der erste Schritt zur Vermeidung von Ladendiebstählen, den Kunden angemessen zu begrüßen und ihm das Gefühl zu geben, wahrgenommen zu werden.

Die Kontaktaufnahme im Einzelhandel wird durch die jeweilige Verkaufsform bestimmt.

Kontaktaufnahme bei Vollbedienung

Bei der Vollbedienung wird der Kunde sofort, wenn er den Laden betritt, angesprochen. Der Verkäufer unterbricht alle anderen Tätigkeiten, wendet sich umgehend dem Kunden zu und begrüßt ihn angemessen. Die Intensität der Zuwendung hängt von der Kaufsituation des Kunden ab.

Kommt der Kunde an eine Theke und möchte dort lose Ware kaufen, handelt es sich um einen Aushändigungsverkauf. Der Kunde erwartet in der Regel nur im Ausnahmefall eine Beratung, da er meist bekannte Produkte erwirbt. Ziel ist in dieser Situation eine zügige Bedienung des Kunden. Dennoch ergibt sich für den Verkäufer die Gelegenheit, Kontakt zum Kunden aufzunehmen und ihn für weitere Teile des Angebots zu interessieren.

Handelt es sich dagegen um einen Beratungsverkauf, erwartet der Kunde Informationen und Entscheidungshilfen zu erklärungsbedürftigen oder beratungsintensiven Produkten. In diesem Fall ist die Zuwendung intensiv und bedarf mehr Zeit.

Kontaktaufnahme bei Vorwahl

Bei der Vorwahl muss das Verkaufspersonal den richtigen Moment der Kontaktaufnahme geschickt abpassen. Zum einen möchte der Kunde ohne Entscheidungsdruck wählen können, zum anderen soll er ohne Umstände die Verkaufsberatung in Anspruch nehmen können. Hierzu muss der Verkäufer den Kunden bei der Betrachtung des Sortiments beobachten, ihn bei Blickkontakt begrüßen und durch eine offene Körperhaltung Bereitschaft zur Beratung und Bedienung anzeigen.

Sendet der Kunde Signale der Verunsicherung oder des Beratungsbedarfs aus, d.h. sieht er sich suchend um, bleibt er längere Zeit vor einem Produkt stehen oder kommt er auf den Kundenberater zu, dann unterbricht dieser alle Tätigkeiten und wendet sich mit einer Begrüßung dem Kunden zu. Eine weitere Alternative ist, Kunden, die sich prüfend mit der Ware beschäftigen, über diese anzusprechen und ihnen damit die Möglichkeit zur Beratung aufzuzeigen.

Kontaktaufnahme bei Selbstbedienung

Im Bereich der Selbstbedienung erwartet der Kunde keine Bedienung oder ausführliche Beratung. Dennoch möchte er das Verkaufspersonal im Zweifel um kleine Auskünfte bitten können. Der Verkäufer spricht also den Kunden nicht aktiv an, begrüßt ihn aber unverbindlich, wenn sich die Blicke zufällig treffen. Spricht ihn der Kunde direkt an, unterbricht er alle warenpflegerischen Tätigkeiten, wendet sich dem Kunden zu, gibt Auskunft und beobachtet, ob der Kunde zurechtkommt.

Häufig hat der Kunde erst an der Kasse Kontakt mit dem Verkaufspersonal. Deshalb ist es wichtig, dem Kunden hier das Gefühl der Wertschätzung zu geben. Kassierer begrüßen die Kunden, bedanken sich bei ihnen für den Einkauf und verabschieden sie. Manche Unternehmen sind dazu übergegangen, ihre Kunden an der Kasse zu fragen, ob sie alles gefunden haben. Es sei dahingestellt, ob das Nachfragen in der Kassiersituation wirkliche Konsequenzen hat oder nur darauf abzielt, Kundeninteresse zu signalisieren. Es ist nicht davon auszugehen, dass ein unzufriedener Kunde in der Stoßzeit den Kassiervorgang blockiert und seine Unzufriedenheit im Detail schildert. Ebenso wenig wird der Kassenmitarbeiter die Informationen in einer solchen Situation verwertbar aufnehmen können.

Zusammenfassung und Handlungsbeispiele

Verkaufsform	Kontaktaufnahme	Beispiel
Vollbedienung	*Kunde wird beim Betreten des Geschäfts möglichst mit dem Namen begrüßt; Zuwendung, offene Körperhaltung, freundliche Mimik*	*„Guten Tag Frau Müller! Wie kann ich Ihnen helfen?"*
Vorwahl	*Verkäufer beobachtet den Kunden, sucht den Augenkontakt und signalisiert Bereitschaft.*	*Kopfnicken oder eine kurze Begrüßung als Signal der Wahrnehmung; offene Körperhaltung, freundliche Mimik*

	Zeigt der Kunde Beratungsbedarf (unsicheres Umsehen, fragende Produktbetrachtung, Ansprache des Verkäufers), werden alle Tätigkeiten unterbrochen, der Verkäufer ist für den Kunden da.	*„Guten Tag, was kann ich für Sie tun?" (freundliches Interesse und Zuwendung) Ansprache über die Ware: „Dieses Produkt, das Sie sich da ansehen, kann ... leisten. Wir haben es auch noch in den Farben ..."*
Selbstbedienung	*Unverbindliche Begrüßung bei Blickkontakt Bei Ansprache durch den Kunden gibt der Verkäufer Auskunft Begrüßung, Dank und Verabschiedung an der Kasse*	*Kopfnicken, „Guten Tag." „Gerne! Sie finden die Ware ..." „Guten Tag!", „Vielen Dank!", „Auf Wiedersehen!"*

3.2.3 Phase 3: Ermittlung des Kundenwunsches

Um ein Angebot präsentieren zu können, das das Problem des Kunden mit einem für ihn plausiblen Nutzen löst, müssen zunächst die Kundenwünsche ermittelt werden. Es werden die indirekte und die direkte Wunschermittlung unterschieden.

Bei der indirekten Wunschermittlung werden dem Kunden vom Verkäufer ausgewählte Waren als Testangebote vorgelegt. Hierauf wird immer dann zurückgegriffen, wenn der Kunde seine Wünsche nicht in Worte fassen kann und Fragen nicht zum Ziel führen. Der Kunde kann so anhand konkreter Produkte seine Vorstellungen präzisieren. Dabei kommt es darauf an, die Reaktionen des Kunden genau zu beobachten, um die Auswahl der Waren entsprechend anzupassen.

Da die indirekte Wunschermittlung das Risiko birgt, dass der Verkaufsberater mit seiner Warenauswahl falsch liegt, wird er nach Möglichkeit versuchen, die Methode der direkten Wunschermittlung anzuwenden. Bei dieser Vorgehensweise werden dem Kunden gezielt Fragen gestellt, um Informationen zu seinem Bedarf bzw. zu den Kaufmotiven zu erhalten und den Kaufvorgang zu lenken.

Man unterscheidet zwei Fragearten: Offene Fragen sind weite Fragen, die mit einer frei formulierten inhaltlichen Aussage beantwortet werden müssen. Sie bringen den Kunden dazu, seine Vorstellungen zu formulieren. Offene Fragen werden auch „W-Fragen" genannt, da sie mit den Fragewörtern wer, wie, was, wozu, wann, womit, welche, wie viele gestellt werden. Geschlossene Fragen sind dagegen so formuliert, dass sie sich mit „Ja" oder „Nein" bzw. mit ähnlich kurzen Aussagen beantworten lassen. Meist beginnen sie mit einem Verb, das mit einem „K" anfängt, weswegen diese Fragen auch „K-Fragen" oder Killer-Fragen genannt werden.

> *Killer-Fragen erschweren das Zustandekommen eines Gesprächs.*

	Beispiele
Offene Fragen	**Geschlossene Fragen**
• Wie kann ich Ihnen helfen?	• Kann ich Ihnen helfen?
• Wofür benötigen Sie ...?	• Kommen Sie zurecht?
• Welchen Stil bevorzugen Sie?	• Möchten Sie Rot oder Blau?
• Was soll das Produkt leisten?	• Gefällt es Ihnen?
• Wozu möchten Sie es kombinieren?	• Wollen Sie noch etwas?

Fragetechnik im Kundengespräch

Die Eröffnungsfrage im Beratungs- oder Verkaufsgespräch ist immer eine weite „W-Frage". Sie hat starken Aufforderungscharakter und verhindert, dass der Kunde das Gespräch sofort durch ein „Nein" abblockt. Dann folgen Informationsfragen an den Kunden, die darauf abzielen, möglichst genaue Informationen zu seinen Wünschen, Vorstellungen, dem Verwendungszweck des gewünschten Angebots und den Kaufmotiven zu erhalten. Im weiteren Verlauf werden weite Fragen zur Stimulierung des Kunden („Was halten Sie davon?") oder Gegenfragen („Wie meinen Sie das?") gestellt.

Zur Steuerung des Kundengesprächs werden Lenkungsfragen eingesetzt, d. h. geschlossene Fragen, die den Kunden bei seiner Entscheidung unterstützen oder für eine gute Verkaufsatmosphäre sorgen sollen. Hierzu zählen:

- Alternativfragen: Sie sollen den Kunden zur Entscheidung zwischen mehreren Wahlmöglichkeiten bringen.
- Kontrollfragen: Mit ihnen fasst der Kundenberater Teilergebnisse des Kundengesprächs zusammen und prüft, ob er den Kunden richtig verstanden hat. Das Gespräch wird dann fortgesetzt.
- Rhetorische Fragen: Sie dienen einer guten Gesprächsatmosphäre. Eine Antwort wird nicht erwartet.
- Suggestivfragen: Sie sollen dem Kunden eine bestimmte Antwort nahe bringen. Wegen ihres manipulativen Charakters sind sie zu vermeiden.

	Frageart	Beispiel
offene Fragen	Informationsfrage	Was darf ich Ihnen zeigen? Wie ist Ihre Vorstellung?
	Stimulierungsfrage	Was sagen Sie als Benutzer dazu? Was halten Sie davon?
	Gegenfrage	Wie meinen Sie das? Wie kommen Sie darauf?
geschlossene Fragen	Alternativfrage	Tragen Sie lang oder kurz lieber? Möchten Sie 100 oder 150 Gramm?
	Kontrollfrage	Habe ich Sie richtig verstanden, dass Sie die Hose ... tragen wollen? Sie möchten also ein Gerät, dass ...?
	Rhetorische Frage	Gehen wir zur Kasse? Sicher werden Sie gleich fragen, ob das Produkt auch ... kann?
	Suggestivfrage	Sie möchten doch auch ein langlebiges Produkt? Sie finden das Angebot doch sicher auch preiswert?

Fragen helfen, die Angebotsvielfalt einzugrenzen und eine optimale Auswahl vorzulegen.

Eine Verkäuferweisheit sagt: „Wer fragt, lenkt das Gespräch." Dabei darf jedoch nicht der Eindruck einer Verhörsituation entstehen. Ein guter Kundenberater lässt den Kunden sprechen und nimmt selbst die

Rolle des aktiven Zuhörers ein. Die Wunschermittlung ist zentral für das Kundengespräch, darf aber nicht zu viel Zeit in Anspruch nehmen. Ziel ist es, den Kunden möglichst schnell mit dem Angebot in Kontakt zu bringen. Es gilt das abgewandelte Sprichwort: „Reden ist Silber – zeigen ist Gold!"

3.2.4   Phase 4: Präsentation des Angebots/Warenvorlage

Die Präsentation des Angebots hat einen entscheidenden Einfluss auf die Kaufentscheidung des Kunden. Beim persönlichen Verkauf obliegt, je nach Verkaufsform mehr oder weniger intensiv, dem Verkäufer die anschauliche Warenpräsentation und Erläuterung. Je mehr die Kunden selbst auswählen und je geringer der Anteil der Beratung ist, desto stärker übernehmen die Verpackung des Produktes und die Art der Warenpräsentation im Verkaufsraum die verkäuferische Aufgabe. Ist der Verkaufsmitarbeiter aber verantwortlich für die Warenvorlage, hat er großen Einfluss auf die Kaufentscheidung des Kunden.
Für die Warenvorlage gelten fünf Grundsätze:

Welche Artikel? Entsprechend den ermittelten Kundenwünschen wird ein Überblick über das Sortiment präsentiert. Dieser kann sich im Laufe des Verkaufsgesprächs verändern, weil sich anhand der Ware der Kundenwunsch präzisieren lässt.

Wann? Die Waren sollten sofort nach der Wunschermittlung, möglichst früh im Verkaufsgespräch präsentiert werden.

Wie viele? Im Durchschnitt sollten nicht mehr als drei bis fünf Artikel auf einmal vorgelegt werden. Zu viel Auswahl verwirrt den Kunden, zu wenig wirkt inkompetent. Wenn im Laufe des Gesprächs immer mehr Artikel präsentiert werden, sollten einige wieder weggeräumt werden, damit der Überblick über die Auswahl bewahrt bleibt. Dies geschieht in Absprache mit dem Kunden, denn was er nicht mehr sieht, hat er auch vergessen – aus den Augen, aus dem Sinn.

Wie? Bei der Präsentation sollte der Verkäufer die Ware sorgfältig behandeln, damit der Kunde die Wertigkeit erfährt. Während der Präsentation und Warendemonstration muss dem Kunden erläutert werden, was man tut, welche Eigenschaften die Ware aufweist oder welche Leistungen sie erbringt. Dem Kunden wird die optisch beste Seite des Produkts zugewandt. Um sein Interesse zu wecken und ihn für die Ware zu begeistern, stehen vorrangig die verbalen Sprachelemente zur Verfügung. Eine entsprechende Gestik und Mimik unterstützen das Gesagte.

Es ist erwiesen, dass Menschen nur 20 % davon behalten, was sie gehört haben, 50 % davon, was sie gesehen haben, aber 70 % davon, was sie selbst gefühlt oder ausprobiert haben. Dementsprechend reicht eine gute Argumentation nicht aus. Der Kunde sollte deshalb bei der Warenvorlage durch die Ansprache seiner fünf Sinne aktiviert werden, indem er die Möglichkeit erhält, die ihm vorgelegten Produkte anzufassen, auszuprobieren, zu hören oder zu riechen. Der Verkaufsberater erläutert dabei zusammenfassend das Erlebnis und Ergebnis des Ausprobierens. Eine Vorführung im Verwendungszusammenhang wirkt unterstützend und kaufanregend.

In welcher Preisklasse? Wenn der Kunde sich nicht konkret zu seiner Preisvorstellung geäußert hat, wird immer in der mittleren Preisklasse begonnen. Eine zu hohe Preisklasse könnte den Kunden verschrecken, eine zu niedrige einen falschen Eindruck vom Sortiment vermitteln. Gibt der Kunde eine Preisklasse vor, muss sich der Verkäufer daran halten, es sei denn, er kann dem Kunden glaubhaft den Nutzen eines Produktes einer höheren oder niedrigeren Preisklasse darlegen.

Immer dann, wenn der Kunde die Ware nicht direkt begutachten kann, kommt es auf eine möglichst ansprechende Darstellung des Angebots und die Demonstration seiner Eigenschaften an. Dies ist z.B. beim unpersönlichen Verkauf (E-Commerce, Versandhandel) der Fall. Da die Ware nicht durch einen Verkaufsberater vorgestellt wird, müssen Darstellung und Erläuterung des Angebots seine Rolle übernehmen. Entsprechend der AIDA-Formel haben sie die Aufgabe, die Aufmerksamkeit des Kunden zu erlangen, sein Interesse zu wecken, einen Kaufwunsch auszulösen und den Kauf zu initiieren. Im Internet sind Waren deshalb meist von mehreren Seiten abgebildet oder rotierend dargestellt. Über einen Link können relativ unproblematisch Anfragen an den Anbieter gestellt werden. Gedruckte Angebote werden zur Anregung des Verbrauchers meist in ihrem Verwendungszusammenhang gezeigt. Häufig ist eine Internetverbindung angegeben, über die das Produkt genauer betrachtet werden kann.

3.2.5 Phase 5: Argumentation

Zur Verkaufsargumentation gehört die überzeugende Darstellung und Verdeutlichung des Produktnutzens, die Behandlung eventueller Einwände und die Preisnennung.

> *Argumentieren heißt, eine Behauptung zu beweisen und zu begründen.*

Im Verkauf wird bewiesen, dass das Produkt den Kundenwünschen entspricht. Der Vorteil muss deutlich werden, den der Kunde hat, wenn er sich für das Angebot entscheidet. Die Verkaufsargumentation verwendet dazu einen logischen Aufbau, der den Kunden überzeugen soll.

Argumentationsaufbau	
Behauptung ↓	*Diese Jacke ist gut für Outdoor-Aktivitäten geeignet.*
Beweis ↓	*Sie ist mit Gore-Tex verarbeitet.*
Vorteil/ Nutzen	*Dadurch ist sie wind- und wasserdicht und gleichzeitig atmungsaktiv.*

Für diese Art der Argumentation muss der Verkaufsmitarbeiter über detaillierte Warenkenntnisse verfügen und wissen, welche Bedürfnisse der Kunde hat. Das Vorteilsargument kann durch Formulierungen wie „Das bedeutet für Sie …", „Das garantiert Ihnen …" oder „Somit ist sichergestellt, dass …" eingeleitet werden.

> *Je überzeugender die Argumentationskette aufgebaut ist, desto größer ist die Wahrscheinlichkeit, dass der Kunde den Vorteil plausibel findet und das Produkt kauft.*

Verkaufsargumente können sich auf verschiedene Merkmale des Angebots beziehen, z.B. auf:
- **emotionale Aspekte**: Farbe, Form, Geltung, Wünsche
- **technische Aspekte**: Funktionalität, Qualität, Sicherheit
- **Gebrauchswerte**: Verwendungseigenschaften, Lebensdauer
- **kaufmännische Aspekte**: Preis-Leistung, Gewinn, Ersparnis

Woraus sie sich im Einzelnen ableiten lassen, wird in Kapitel 3.3 erläutert.

Für die Argumentation gelten vier Grundsätze:

Grundsatz 1: Immer positiv argumentieren!
Häufig werden positive Produkteigenschaften negativ umschrieben.

> *Grundsätzlich gilt: Produktvorteile werden immer positiv formuliert.*

Beispiel

Falsch: Diese Farbe steht Ihnen nicht schlecht.

Richtig: Diese Farbe steht Ihnen sehr gut.

Auch Produktnachteile können positiv vermittelt werden, ohne dabei den Nachteil zu verschweigen.

Beispiel

Falsch: Die Schuhe müssen Sie vor dem Tragen imprägnieren, sonst bekommt das Leder Flecke.

Richtig: Wenn Sie die Schuhe imprägnieren, vermeiden Sie Flecke und haben lange Freude an ihnen.

Formulierungen im Konjunktiv (Möglichkeitsform) wirken negativ auf den Kunden, da sie Unsicherheit oder Unwillen signalisieren. Eine aktive kundenbezogene Formulierung ist dagegen richtig.

Beispiel

Falsch: Es könnte sein, dass ich diese Größe noch im Lager habe.

Richtig: Diese Größe habe ich bestimmt noch im Lager. Wenn Sie möchten, sehe ich gerne für Sie nach.

Gleiches gilt, wenn zwei Alternativen miteinander verglichen werden sollen. Auch wenn ein Alternativangebot B qualitativ besser, dadurch aber teurer ist, darf das ursprüngliche Produkt A bei der Argumentation nicht herabgesetzt werden. Es könnte nämlich sein, dass man wegen des Preises oder anderer Eigenschaften doch darauf zurückgreifen muss. Denn hat der Verkäufer das Produkt A zugunsten der Alternative B abgewertet, kann der Kunde es nicht mehr vorbehaltlos kaufen. Vermieden wird dies, indem Produkt B als noch besser dargestellt wird.

Beispiel

Falsch: *Schwarzer Tee ist nicht so bekömmlich wie grüner.*

Richtig: *Im Vergleich zu schwarzem Tee ist grüner bekömmlicher.*

Grundsatz 2: Immer informativ argumentieren!

Häufig reduziert sich die Argumentation im Verkauf auf immer wiederkehrende Floskeln wie z.B.: „Sieht gut aus, ist preiswert, wird gerne gekauft usw." Kunden interessieren in erster Linie warenbezogene Argumente, die sie über die Eigenschaften des Angebots informieren. Dabei beschränken sich Verkäufer meist auf die Aussage: „Das ist eine gute Qualität." Über diese pauschale Aussage hinaus erwartet der Kunde je nach Produkt jedoch auch Informationen zu Herstellung und Herkunft, Güte- und Pflegezeichen, zur Handhabung, Lebensdauer u.v.m. Hat er die warenbezogenen Informationen erhalten, muss ihm nun der Nutzen des Produkts verdeutlicht werden. Erst dann wird über den Preis gesprochen. Informationen zum Service etc. haben für den Kunden nur ergänzenden Charakter und werden deshalb erst zum Schluss gegeben.

Grundsatz 3: Immer verständlich argumentieren!

Damit sich Kunden gut beraten fühlen, müssen sie inhaltlich verstehen und nachvollziehen können, was ihnen der Verkäufer erklärt. Der Verkäufer muss sich dabei an den Kunden anpassen. Laien wird er zwecks eines guten Verständnisses schwierige Sachzusammenhänge verständlich und anschaulich erläutern.

Spricht er dagegen mit einem Experten, wird er Fachbegriffe und komplexere Schilderungen verwenden. Dadurch zeigt er seine Kompetenz und macht sich für den Kunden zu einem ebenbürtigen Ansprechpartner.

Grundsatz 4: Immer kundenorientiert argumentieren!
Dieser Grundgedanke zieht sich durch das gesamte Buch.

> *Kunden kaufen keine Produkte, sondern Problemlösungen,*
> *und werden dies nur tun, wenn ihnen der Nutzen, d.h. ihr*
> *Vorteil, plausibel ist.*

Die Verkaufsargumentation leistet hierzu einen wesentlichen Beitrag.

Alternativ-, Ergänzungs- und Zusatzangebote
Dieser Grundsatz gilt auch bei Kundengesprächen für Alternativ-, Ergänzungs- und Zusatzangebote. Sollte der Verkäufer den Wunsch des Kunden nach einem bestimmten Produkt nicht erfüllen können, z.B. weil das Produkt gerade ausverkauft ist, wird der Kunde ein Alternativangebot nur dann akzeptieren, wenn es ihm den gleichen Nutzen bringt wie das ursprünglich gewünschte Produkt. Bei der Argumentation ist darauf zu achten, dass möglichst viele Eigenschaften der Alternative hervorgehoben werden, die sich mit dem Kundenwunsch decken. Auch auf positives Formulieren ist hier besonders zu achten.

Beispiel

Falsch: „Wir haben leider nur …"
Richtig: „Ich kann Ihnen eine Alternative anbieten,
            die Ihren Vorstellungen ebenso gut entspricht."

Ergänzungsangebote sind Artikel, die wichtig für die Benutzung des Hauptartikels sind, z.B. Batterien für elektronisches Spielzeug. Zusatzangebote erhöhen dagegen den Gebrauchswert des Hauptartikels, z.B. eine Funkmaus für den Laptop. Beide Angebote können dem Kunden während oder nach der Hauptkaufentscheidung empfohlen werden. Ob der Kunde den Erwerb eines solchen Artikels als sinnvoll oder notwendig erachtet, hängt davon ab, wie glaubwürdig und überzeugend der Zusatznutzen kommuniziert werden kann. In der Praxis lässt sich feststellen, dass Verkäufer zunehmend von ihren Unternehmen dazu angehalten werden, Ergänzungs- und Zusatzangebote gezielt mitzuverkaufen.

Preisnennung

Kaufentscheidend sind nicht nur die Wareneigenschaften und der Nutzen von Angeboten, sondern auch der Preis.

> *Der Preis ist die monetäre Gegenleistung zu einem Angebot, und Kunden sind erst bereit einen bestimmten Preis zu zahlen, wenn dieser mit dem wahrgenommenen Wert des Produkts übereinstimmt.*

Meistens sind Produkte mit einem Preis versehen. Ist der Preis aber Bestandteil des Kundengesprächs, so ist es die Aufgabe des Verkäufers, dem Kunden den Produktwert zu verdeutlichen und das Preis-Leistungsverhältnis nahe zu bringen. Die Preisnennung wird dabei so lange hinausgezögert, bis der Produktvorteil aufgebaut ist, und erfolgt schließlich nach der so genannten Sandwich-Methode. Dabei wird zunächst der Produktvorteil dargestellt, dann der Preis genannt, und um diesen in den Hintergrund treten zu lassen, wird mit einem weiteren Produktvorteil abgeschlossen. Denn was der Kunde als Letztes hört, prägt den Gesamteindruck.

Sandwich-Methode		
	Produktvorteil	Dieser Schal ist aus hochwertigem Kaschmir.
	Preis	Er kostet 49 Euro.
	Produktvorteil	Kaschmir ist ein sehr tragefreundliches Material.

Die jeweilige Preisargumentation muss der Verkäufer jedoch von der Verkaufssituation und vom Kundentyp abhängig machen. So wird er bei einem Schnäppchenjäger einen günstigen Preis nicht in den Hintergrund drängen, sondern als einen Vorteil hervorheben. Ebenso kann ein hoher Preis für einen Prestigekäufer ein entscheidendes Kaufargument sein.

Wie bereits erwähnt, ist die Einwandbehandlung ein weiterer wesentlicher Bestandteil der Verkaufsargumentation. Diese wird in Kapitel 3.4 ausführlich erläutert.

3.2.6 Phase 6: Gesprächsabschluss

Wenn der Kunde ausreichend informiert und beraten wurde sowie alle seine Einwände behandelt sind, kommt das Gespräch in die Abschlussphase. Wie oben erläutert, ist das Ziel eines Kundengesprächs nicht zwingend der erfolgreiche Geschäftsabschluss. Langfristig ist der zufriedene Kunde wichtiger, auch wenn er in diesem Fall nicht gekauft hat. Zufriedene Kunden kommen wieder und empfehlen das Geschäft weiter, was eine Basis für langfristigen Erfolg bildet. Generell lassen sich drei Situationen für den Gesprächsabschluss unterscheiden:

Der Kunde will nicht kaufen
Da alle Argumente vorgebracht sind, ist ein weiteres Drängen nicht ratsam. Es sollte dem Kunden im Gegenteil leicht gemacht werden, das Geschäft in zufriedener Stimmung zu verlassen. Damit dem Kunden Angebot und Geschäft in Erinnerung bleiben, können Prospektmaterial oder eine Visitenkarte für Rückfragen mitgegeben werden.

Der Kunde kann sich nicht entscheiden
In dieser Situation kann die Zusammenfassung der vorgebrachten Argumente in Verbindung mit einer begründeten Empfehlung die Kaufentscheidung beschleunigen. Zu vermeiden sind Druck und Manipulation. Ist der Kunde nach dem Kauf unzufrieden und wurde er zu einem Produkt überredet, das ihm später doch nicht zusagt, wird er es ohnehin zurückbringen. Wenn der Kunde zu keiner Kaufentscheidung kommt, kann der Verkäufer anbieten, das Produkt zurückzulegen, dem Kunden Informationsmaterial und eine Telefonnummer für Rückfragen mitgeben oder ihm eine Warenauswahl bzw. Muster zur Ansicht für einen vereinbarten Zeitraum überlassen.

Der Kunde kauft
Kunden, die eine positive Kaufentscheidung getroffen haben, senden Signale aus, die der Verkäufer nicht übersehen darf (siehe Tabelle rechts oben).

Die Abwicklung des Kaufabschlusses hängt von der abgestimmten Vorgehensweise des Unternehmens und von der Verkaufsform ab. Das reicht vom Übergeben der Ware mit dem Hinweis auf die nächstgelegene Kasse bis hin zum persönlichen Kassieren, Verpacken der Ware und Öffnen der Tür für den Kunden, wenn dieser den Laden verlässt.

Verbale Kaufsignale	Nonverbale Kaufsignale
Fragen nach:	● Kopfnicken
● Lieferfrist	● Aktives Zuhören
● Service	● Intensive Betrachtung und Prüfung des
● Garantie	Angebots
● Referenzen	● Einvernehmliche Geste zur Begleitperson
● Zahlungsbedingungen	
Formulierte Zustimmung	

> *Generell gilt: Je intensiver das Kundengespräch, je höher der Warenwert und je wichtiger der Kunde, desto persönlicher sollte die Abwicklung des Kaufabschlusses sein.*

Viele Kunden sind in der Nachkaufsituation unsicher, ob sie die richtige Kaufentscheidung getroffen haben. Dies ist vor allem bei größeren Ausgaben der Fall. Aus diesem Grund sollte der Verkaufsberater den Kunden während des Kassierens und Verpackens der Ware oder beim Verabschieden in seinem Kaufentschluss noch einmal bestätigen. Dies muss anspruchs- und verwendungsnah geschehen. Floskeln wie „Da haben Sie eine gute Wahl getroffen." sind inhaltsleer und deshalb zu vermeiden. Beim Kauf teurerer oder komplexerer Angebote ist ein zusammenfassender Hinweis auf den Ansprechpartner für Rückfragen oder auf Serviceleistungen, die der Kunde in Anspruch nehmen kann, hilfreich.

Die Verabschiedung des Kunden erfolgt unabhängig von seiner Kaufentscheidung höflich, mit einer freundlichen Mimik und mit einem Hinweis, dass man sich auf den nächsten Kontakt freut.

> *Es gilt: Nach dem Kauf ist vor dem Kauf.*

3.2.7 Phase 7: Gesprächsnachbereitung

Eine Gesprächsnachbereitung ist immer dann nötig, wenn der Kunde vom Verkäufer weiter betreut wird und das erworbene Angebot umfangreich war. Es wird ein Gesprächsprotokoll erstellt, um beim nächsten Gespräch an dem erreichten Sachstand anknüpfen zu können. In diesem Protokoll werden Resultate, Tendenzen, spezielle Informationen und das weitere Vorgehen festgehalten. In besonderen Fällen ist auch eine Analyse des vorangegangenen Gesprächs angebracht.

3.3 Ansatzpunkte für Beratungs- und Verkaufsargumente

Für eine überzeugende kundenorientierte Argumentation sind neben menschlichen und fachlichen Kompetenzen fundierte Kenntnisse über das Angebot grundlegend. Informationsquellen dafür sind z.B.:

- Produkte (Kennzeichnungen, Bedienungsanleitung)
- Angebotserläuterungen (Prospekte, Kataloge, Schulungsunterlagen, Sales Folder)
- Fachliteratur und Testergebnisse in Zeitschriften
- Informationen durch Kollegen oder Außendienstmitarbeiter
- Internet

Von spezifischen Produktmerkmalen können Argumente für Beratung und Verkauf abgeleitet werden, die auf den Kundennutzen und die speziellen Kundenbedürfnisse ausgerichtet sind. Für Dienstleistungen gelten andere Empfehlungen (siehe Kapitel 4).

Produktmerkmale	Erläuterung
Material	*Das Material ist ein sehr wichtiges Kriterium, das häufig mit Qualität und Preis in Verbindung gebracht wird. Branchenspezifisch werden Kategorien unterschieden (z.B. Chemie- und Naturfasern). Aus dem Material lassen sich viele weitere Produktmerkmale ableiten.*
Herstellung	*Durch die Herstellung erhält ein Produkt seine speziellen Eigenschaften und Ausstattungsmerkmale, die unterschiedliche Kundennutzen erfüllen und damit kaufentscheidend sind (z.B. der Ausmahlungsgrad von Mehl).*
Herkunft	*Auch die Herkunft ist für viele Kunden ein kaufrelevantes Qualitätsmerkmal. Dabei werden die lokale (Textilien aus Deutschland) und die personale (Geschirr von Rosenthal) Herkunft unterschieden. Häufig steht die Herkunft für ein bestimmtes Image, das der Ware zugerechnet wird, z.B. Exklusivität (Mode von Escada), Qualität (Uhren aus der Schweiz), Innovation (HiFi aus Japan) oder Niedrigpreisigkeit (Kleinartikel aus China).*

Warenkenn-zeichen	Zu unterscheiden sind gesetzlich vorgeschriebene und freiwillige Warenkennzeichen. *Gesetzliche Kennzeichen* dienen dem Verbraucherschutz und der Vorbeugung vor Gesundheitsschäden, wie z.B. • Kennzeichen nach der Lebensmittelverordnung (Zutaten, Menge, Mindesthaltbarkeit) • Kennzeichen nach EU-Normen • Kennzeichen nach der Genfood-Verordnung *Freiwillige Kennzeichen* werden von Verbänden oder Güte-gemeinschaften vergeben. Hersteller verwenden sie auf ihren Produkten, um diese hervorzuheben, den Verbraucher über Qualität, Bestandteile oder die lange Erhaltung der Nutzungseigenschaften zu informieren. Beispiele (siehe auch Bildbeispiele Abb. 3.2): • Gütezeichen (CMA, Echtes Leder) • Testzeichen (Stiftung Warentest Ökotest) • Sicherheitszeichen (GS, Gefahrenzeichen) • Umweltzeichen (Blauer Engel, Bio-Siegel, Textiles Vertrauen, Energy-Star) • Zeichen moralischer Herstellung (TransFair, Rugmark, Verzicht auf Tierversuche) • Markenzeichen (Adidas, Mercedes, Nivea) • Pflegezeichen (Waschanleitung, Pflegeeigenschaften)
Handhabung	Im Non-Food-Bereich geht es bei der Handhabung um die Inbetriebnahme, die Bedienung und die Pflege des Produkts, im Food-Bereich um die Lagerung und Zubereitung. Die Erläuterung der Handhabung ist ein Kernelement der Verkaufsberatung.
Optik	Die äußere Erscheinung eines Produktes ist für Kunden häufig eines der wichtigsten Selektionskriterien. Dabei hat die Optik je nach Branche eine unterschiedliche Bedeutung und Gewichtung. Im Non-Food-Bereich spricht sie emotionale Kaufmotive wie Schönheit, Ästhetik, Stil und Geltung an. Im Food-Bereich ist sie entscheidend für die Einschätzung der Qualität und Güte der Ware.
Maße/Größen	Argumente können sich auf Ausmaße, Konfektionsgrößen, Leistungswerte, Gewicht, Energieverbrauch, Temperaturen u.v.m. beziehen.

Abb. 3.2: Verschiedene Warenkennzeichen

Unterstützt und veranschaulicht werden die Argumente durch diverse Hilfsmittel für Verkaufsgespräche wie z.B. Bilder, Grafiken, Muster, Filme, Sales Folder, Handbücher u. v. m.

3.4 Einwandbehandlung

Bringen Kunden Einwände hervor, bedeutet das in der Regel, dass sie sich mit einem Angebot auseinandersetzen. Einwände sind somit positiv zu werten. Sie sind meist nicht gegen die Person des Verkäufers gerichtet, sondern geben ihm die Gelegenheit zur Beratung und Information. Entscheidend für die konstruktive Einwandbehandlung ist zunächst das Verhalten des Verkäufers. Es sollte wie folgt aussehen:

- ruhig und streitvermeidend
- konstruktiv, problemlösend
- genau zuhören
- mit einer offenen Körperhaltung Gesprächsbereitschaft signalisieren

In der Praxis zeigt sich, dass echte von so genannten Scheineinwänden unterschieden werden müssen. Scheineinwände sind vorgetäuschte Einwände: Der Kunde hat keine echte Kaufabsicht oder kann sich noch nicht entscheiden, sucht aber einen Grund, das Gespräch zu beenden. Wird ein solcher Scheineinwand erkannt, sollte man es dem Kunden möglichst leicht machen, das Geschäft zu verlassen. Er wird es so in angenehmer Erinnerung behalten und mit einer wirklichen Kaufabsicht gerne wiederkommen.

Echte Einwände richten sich im Wesentlichen gegen vier Aspekte: das Angebot, den Preis, das Personal oder das Unternehmen. Sie entstehen aus unterschiedlichen Gründen, z.B.:

- Unwissenheit – es fehlen Informationen
- Unsicherheit – es fehlt Erfahrung
- Geltungsbedürfnis – Herabsetzung der Verkäuferkompetenz
- Versuch, bessere Bedingungen zu erhalten
- Vorurteile – verursacht durch Mundpropaganda oder eigene Erfahrung

3.4.1 Methoden zur Entkräftung von Einwänden gegen das Angebot

Begründungs-/Ja-und-Methode
Bei der Begründungs-/Ja-und-Methode wird im ersten Teil des Argumentes der Aussage des Kunden zugestimmt und diese dabei möglichst abgemildert. So wird eine gemeinsame Basis mit dem Kunden geschaffen. Im zweiten Teil schließt sich eine Erklärung zur Entkräftung des Einwands an, bei der ein Vorteil genannt wird.

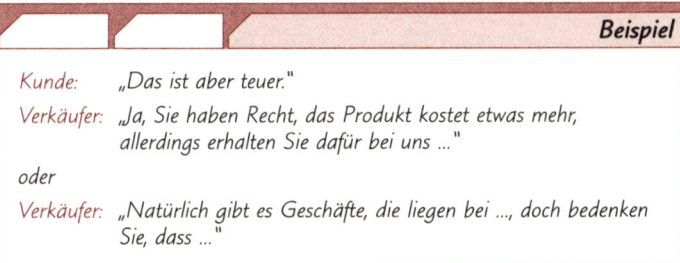

Beispiel

Kunde:	*„Das ist aber teuer."*
Verkäufer:	*„Ja, Sie haben Recht, das Produkt kostet etwas mehr, allerdings erhalten Sie dafür bei uns …"*
oder	
Verkäufer:	*„Natürlich gibt es Geschäfte, die liegen bei …, doch bedenken Sie, dass …"*

Eine Argumentation mit „Ja-aber" sollte möglichst vermieden werden, auch wenn man intuitiv dazu neigt. Sie bedeutet nämlich: „Genau das, was sie völlig richtig sagen, ist absolut falsch." Eine solche Formulierung ist aus verkaufspsychologischer Sicht unglücklich.

Rückfragemethode
Bei der Rückfragemethode wird der Kundeneinwand noch einmal genau hinterfragt. Das hat den Vorteil, dass der Kunde sich über den Einwand klarer wird und seine Wünsche konkreter äußert. Dem Verkaufsmitarbeiter hilft es, den Kunden besser zu verstehen und genauer auf seine Wünsche einzugehen.

> **Beispiel**
>
> *Kunde:*   „Das gefällt mir nicht."
> *Verkäufer:* „Was genau gefällt Ihnen daran nicht?"

Bumerang-Methode

Bei der Bumerang-Methode verwandelt der Verkäufer den Einwand des Kunden in ein Gegenargument, das den genannten Nachteil zum Vorteil macht.

> **Beispiel**
>
> *Kunde:*   „Da sind ja Schneckenspuren im Salat!"
> *Verkäufer:* „Sie haben Recht, die habe ich übersehen. Doch sie sind ein guter Beweis dafür, dass der Salat aus biologischem Anbau stammt."

Die Argumentation wird wie bei der Ja-und-Methode aufgebaut, verwendet aber gezielt den Kundeneinwand zur Entkräftung.

Referenzmethode

Bei der Referenzmethode führt der Kundenberater einen nachvollziehbaren Beweis zur Entkräftung des Einwands an. Dabei kann er sich auf Empfehlungen bekannter Persönlichkeiten, Erfahrungen von Berufsgruppen bzw. zufriedenen Kunden oder auch auf Testberichte und Gütezeichen beziehen.

> **Beispiel**
>
> *Kunde:*   „Ich kann mir nicht vorstellen, dass die teure Zahncreme besser ist als die billige."
> *Verkäufer:* „Das konnte ich auch nicht, doch als ich beim Zahnarzt war, hat der gesagt ..."
> *oder:*
> *Kunde:*   „Dieser Fahrradhelm hat aber eine komische Farbe."
> *Verkäufer:* „Das kann sein, jedoch haben die Tests der Stiftung Warentest ergeben, dass man diese Farbe im Dunkeln besonders gut sieht."

Vorteil-Nachteil-Methode

Hier werden die Vor- und Nachteile eines Produkts gegenübergestellt und abgewogen. Ziel ist es, das Produkt glaubhaft darzustellen, wobei die Vorteile überwiegen sollten.

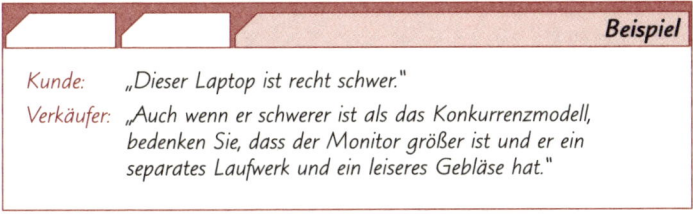

Beispiel

Kunde: „Dieser Laptop ist recht schwer."

Verkäufer: „Auch wenn er schwerer ist als das Konkurrenzmodell, bedenken Sie, dass der Monitor größer ist und er ein separates Laufwerk und ein leiseres Gebläse hat."

Wendet man die Vorteil-Nachteil-Methode an, fühlt der Kunde sich ernst genommen und nicht überredet.

Vorwegnahme-(Präventiv-)Methode

Bei der Vorwegnahmemethode nimmt der Verkäufer eventuelle Kundeneinwände vorweg und entkräftet sie durch seine Argumentation, bevor sie der Kunde vorbringen kann.

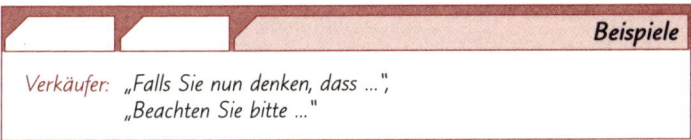

Beispiele

Verkäufer: „Falls Sie nun denken, dass ...",
„Beachten Sie bitte ..."

Herausstellen von Serviceleistungen

Serviceleistungen können zusätzlich zum Hauptangebot angeboten und vom Kunden in Anspruch genommen werden. Sie können, müssen aber nicht unentgeltlich sein. Häufig sind sie ein gutes Verkaufsargument, um das Angebot attraktiver zu gestalten und sich von der Konkurrenz abzugrenzen. Sie werden zusätzlich zur Produktleistung herausgestellt und unterstreichen so die Vorteile des Angebots.

Es gibt warenabhängige und warenunabhängige Serviceleistungen.

Warenabhängige Serviceleistungen	Warenunabhängige Serviceleistungen
• Lieferung	• Kinderbetreuung
• Montage	• Kundenparkplatz
• Verpackung	• Schwarzes Brett
• Änderungsschneiderei	• Gepäckaufbewahrung
• Garantieverlängerung	• Geräteverleih
• Zahlungsbedingungen	• Mehrsprachiges Personal

3.4.2 Methoden zur Entkräftung von Einwänden gegen den Preis

Einige der oben beschriebenen Methoden sind auch für die Entkräftung von Einwänden gegen den Preis anwendbar.

Beispiel

Rückfragemethode: „Der Preis erscheint Ihnen noch nicht plausibel. Womit vergleichen Sie das Angebot?"

oder:

Vorwegnahmemethode: „Dieses Produkt besteht aus einem besonders hochwertigen Material, es liegt daher preislich etwas höher, doch Sie können mit einer längeren Lebensdauer rechnen."

Zusätzlich gibt es für die Argumentation bei Preiseinwänden noch spezielle Methoden:

Verharmlosungs-/Differenzmethode
Die Verharmlosungsmethode wird dann angewandt, wenn der Preis für ein Angebot über dem Preis liegt, den der Kunde bereit ist zu bezahlen. Um den Preis zu verharmlosen, wird der vom Kunden akzeptierte Preis als gegeben vorausgesetzt. In der Folge wird nur noch über den Unterschiedsbetrag zwischen dem akzeptierten Preis und dem Kauf-

preis des Produkts gesprochen. Dieser wird in Relation zu den Vorteilen gesetzt, die der Kunde durch die Mehrausgabe zusätzlich erhält.

> **Beispiel**
>
> *Ein Artikel kostet 50 EUR, der Kunde möchte aber nur 40 EUR ausgeben. Die Differenz beträgt zehn EUR.*
>
> *Argumentation des Verkäufers:* „Für nur zehn EUR mehr erhalten Sie ein Produkt, das besser verarbeitet ist, eine längere Lebensdauer und sogar fünf Jahre Garantie hat."

Verkleinerungs-/Divisionsmethode

Bei der Verkleinerungsmethode wird der Preis verharmlost, indem er durch die Lebensdauer des Produkts oder die Produktmenge geteilt wird.

> **Beispiele**
>
> *Eine Versicherung kostet 240 EUR im Jahr.*
>
> *Argumentation des Verkäufers:* „Für nur 20 EUR im Monat erhalten Sie optimale Sicherheit, das sind etwa 60 Cent pro Tag."
>
> *oder:*
>
> *Eine Druckerpatrone kostet 20 EUR.*
>
> *Argumentation des Verkäufers:* „Diese Patrone reicht für etwa 200 Seiten, das sind nur zehn Cent pro Seite."

Vergleichsmethode

Bei der Vergleichsmethode wird der gewählte Artikel mit einem teureren Produkt mit ähnlichen Merkmalen verglichen und erscheint dadurch günstiger.

> **Beispiel**
>
> *Argumentation des Verkäufers:* „Dieses Modell für 90 EUR hat fast dieselben Nutzungsmöglichkeiten wie das für 120 EUR ..."

3.4.3 Methoden zur Entkräftung von Einwänden gegen das Personal

Einwände gegen das Verkaufspersonal entstehen dann, wenn der Kunde den Verkäufer für nicht kompetent hält, wenn die Sympathie fehlt oder wenn der Kunde warten musste. Sie werden häufig indirekt geäußert wie z.B.: „Ich warte hier schon ewig!"

In dieser Situation hat der Verkaufsmitarbeiter wenig Handlungsspielraum. Grundsätzlich gilt es, ruhig zu bleiben und Konflikte zu vermeiden. Hat der Verkäufer das Gefühl, dass seine Kompetenz angezweifelt wird, oder ist er wirklich überfordert, kann der Kunde mit Hilfe der Vorwegnahmemethode an einen Kollegen verwiesen werden.

Beispiele

Verkäufer: „Gerne hole ich einen Kollegen dazu, der Spezialist für diese Fragestellung ist."

3.4.4 Methoden zur Entkräftung von Einwänden gegen das Unternehmen

Einwände gegen das Unternehmen betreffen häufig Bereiche, die das Verkaufspersonal weder direkt beeinflussen kann noch zu verantworten hat. Das betrifft z.B. das Umweltengagement oder die Personalpolitik des Unternehmens.

In diesem Fall kann der Verkäufer nur zuhören und zusichern, diese Kritik an die verantwortliche Stelle weiterzugeben – was er auch tun sollte. Werden Pauschalurteile geäußert, wie z.B. „Hier ist immer alles teurer als bei ...", ist es möglich, die Verunsicherungsmethode anzuwenden. Wenn der Verkäufer Zweifel an der Kritik äußert und genauer nachfragt, kann es sein, dass er den Kunden damit verunsichert und dieser seinen Einwand relativiert.

Beispiele

Verkäufer: „Sind Sie sicher, dass es sich um genau den gleichen Artikel mit identischen Lieferbedingungen handelt?"

3.5 Herausforderungen für den Verkäufer

Das in Kapitel 3.2 dargestellte Kundengespräch beschreibt den idealen, theoretischen Gesprächsablauf. In der Praxis jedoch treffen Kunden und Verkäufer als individuelle Persönlichkeiten in einem Umfeld aufeinander, das nicht jederzeit störungsfrei und steuerbar ist. Dadurch entstehen immer wieder besondere Situationen, die stetig neue Herausforderungen für den Kundenberater darstellen. Grundsätzlich ist eine positive, problemlösende Herangehensweise an schwierige Situationen wichtig, um dem Kunden gerecht zu werden und sich die Freude an dem Beruf zu bewahren. Unterstützt werden Verkaufsmitarbeiter durch betriebliche Vorgaben zur Regelung besonderer Verkaufssituationen. Im Folgenden werden Situationen beschrieben, die als schwierig gelten und ein spezielles Handeln erfordern.

3.5.1 Verkauf bei Hochbetrieb

Wenn der Kundenandrang so groß ist, dass er personell und organisatorisch nicht mehr aufgefangen werden kann, führt das zu Stress für Verkäufer und Kunden. Nicht selten kippt die Kaufstimmung und beide Seiten sind verärgert. Um dies zu vermeiden, gilt Folgendes:

- Ruhe bewahren – freundlich bleiben! Zügig arbeiten – ohne Hektik.
- Kunden werden nacheinander in der Reihenfolge ihres Eintreffens bedient.
- Wartenden Kunden wird durch Blickkontakt oder Kopfnicken signalisiert, dass sie wahrgenommen wurden.
- Kunden möglichst während der Wartezeit mit der Ware beschäftigen.

In drei Ausnahmefällen kann davon abgewichen werden, Kunden in der Reihenfolge ihres Eintreffens zu bedienen:

1. Die Vorführung bestimmter Warenfunktionen ist aufwändig. In diesem Fall ist es sinnvoll, die Vorführung nach Rücksprache mit dem Erstkunden für mehrere interessierte Kunden durchzuführen.
2. Kunden wollen Waren ausprobieren und benötigen hierfür Zeit. Währenddessen können parallel andere Kunden bedient werden. Wichtig dabei ist, die mit der Ware beschäftigten Kunden nicht aus den Augen zu verlieren.

3. Wenn ungeduldige Kunden ein Verkaufsgespräch unterbrechen, kann dies nicht ignoriert werden. Eine kurze Auskunft ist möglich, für alles Weitere wird die Bereitschaft signalisiert, sich nach Beendigung des laufenden Gesprächs darum zu kümmern, oder der Kunde wird an einen Kollegen vermittelt.

3.5.2   Verkauf kurz vor Ladenschluss

Es gibt zwei Arten von Spätkunden, die entsprechend ihres Kaufverhaltens behandelt werden müssen:

Sicher-Käufer kommen in Eile in das Geschäft, sind zum schnellen Kauf entschlossen und greifen gezielt zu den geplanten Artikeln. Diese Kunden werden zügig beraten und bedient, da sie sicheren Umsatz bringen und diese Behandlung zu schätzen wissen.

Vielleicht-Käufer bummeln ohne konkrete Kaufabsicht und ohne gezielte Warenauswahl durch das Geschäft. Stellt sich nach der Kontaktaufnahme heraus, dass kein schneller Kaufentschluss zu erwarten ist, kann man diese Kunden freundlich auf den Ladenschluss und die Öffnungszeit am nächsten Tag hinweisen.

3.5.3   Kunden in Begleitung

Die Begleitpersonen von Kunden werden zunächst hinsichtlich ihres Einflusses auf die Kaufentscheidung eingeschätzt. Dieser ist umso größer,

- je mehr Fachkenntnis die Begleitperson hat, wie z.B. jemand, der sich gut mit Kameras auskennt und einer Kundin beim Kauf hilfreich zur Seite stehen möchte,
- und je intensiver die soziale Bindung der Personen ist, wie z.B. die Ehefrau, die ihren Mann beim Hosenkauf begleitet.

Sind Begleitpersonen, wie in diesen Beispielen geschildert, Mitentscheider, werden sie in die Beratung und die Kaufargumentation einbezogen. Das Gespräch wird nur dann erfolgreich sein, wenn alle Entscheider zufrieden sind.

Handelt es sich dagegen um Nicht-Entscheider, wie z.B. kleine Kinder, die ihre Eltern begleiten müssen, werden diese so beschäftigt, dass sie die Kaufentscheidung des Kunden nicht stören.

3.5.4 Preisverhandlungen

Immer häufiger versuchen Kunden Preisnachlässe auszuhandeln. Grundsätzlich muss mit einer betrieblichen Vorgabe geregelt sein, durch welche Person, bei welchem Anlass, bis zu welcher Höhe und in welcher Form Preisnachlässe gewährt werden können. Hauptziel bleibt aber die Verteidigung des ausgezeichneten Preises. Folgende Möglichkeiten sind denkbar:

- Behauptungen des Kunden zu Preisen der Konkurrenz werden mit der Verunsicherungsmethode hinterfragt.
- Zugabe statt Preisnachlass, z.B. ein zusätzliches Kabel zum Fernseher statt eines Rabatts.
- Vorgehen in kleinen Schritten, die als große Zugeständnisse beschrieben werden.

  statt: „Wir können leider nur drei Prozent geben."

  besser: „In diesem Fall können wir sogar bis zu drei Prozent geben."

- Rabatte für größere Kaufsummen in Euro statt in Prozent nennen. Der Preisnachlass wirkt dadurch eindrucksvoller. Für kleine Beträge ist eine Nennung in Prozent wirkungsvoller.
- Preisnachlässe an Gegenleistungen der Kunden koppeln, wie z.B. Verzicht auf Lieferung oder Selbstmontage.

3.5.5 Ladendiebstahl

Ladendiebe erfüllen kein typisches Täterprofil mehr. Sie kommen aus allen sozialen Schichten und Altersgruppen. Ihre Motive sind vielschichtig, selten handelt es sich um finanzielle Not. Die Tricks werden immer ausgefeilter, das Erkennen und der Nachweis damit schwieriger.

Deshalb ist Prävention die beste Vorgehensweise für den Umgang mit Ladendiebstahl.

Hierzu zählen z.B. Kameras, Schilder, Warensicherungsmaßnahmen, Schulungen und das gezielte Ansprechen verdächtiger Personen. Kommt es dennoch zum Diebstahl, gilt folgendes Vorgehen, wobei die eigene Unversehrtheit immer Priorität hat:

- Verdächtige Person genau beobachten
- Kollegen hinzuholen

- Erst nach dem Kassieren ansprechen, falls es sich um ein Missverständnis handelt
- Ruhige Annäherung, Aufstellen neben dem Dieb, um Gewalt zu vermeiden und einen eventuellen Fluchtweg nicht zu versperren
- Höfliche Behandlung – Vermeiden von Ausdrücken wie „Dieb" o. Ä. Besser: „Wir möchten eine Unstimmigkeit klären."
- Verdächtige Person diskret ins Büro bringen, dabei darauf achten, dass die gestohlene Ware nicht „verloren" wird. Wichtig: Zeugen!
- Herausgabe der Ware fordern und Personalausweis einsehen
- Diebstahlprotokoll als Schuldanerkenntnis unterschreiben lassen

Hat der Dieb keinen Personalausweis dabei oder gibt er die Ware nicht freiwillig heraus, sollte auf jeden Fall die Polizei verständigt werden. Die Taschen des Diebes dürfen nur durchsucht werden, wenn dieser dem zustimmt; eine körperliche Durchsuchung ist grundsätzlich verboten. Dem geschädigten Unternehmen obliegt die Entscheidung über mögliche Konsequenzen: Aufwandsentschädigung bis zu 25 EUR, Hausverbot oder Strafanzeige.

3.5.6 Besorgungs- und Geschenkkauf

Bei Besorgungs- und Geschenkkäufen wird der Verkaufsberater mit dem Problem konfrontiert, dass der Kunde nicht der Empfänger der Ware ist. Dies muss er bei der Wunschermittlung berücksichtigen.

Beim Besorgungskauf ist das besonders relevant, wenn der gewünschte Artikel nicht vorhanden ist. Es muss eine Alternative gefunden werden, die diesem Artikel möglichst nahe kommt. In jedem Fall sollte der Kassenbeleg mitgegeben werden, um einen Umtausch zu ermöglichen. Wenn Kinder für ihre Eltern einkaufen, ist zudem darauf zu achten, dass die Ware ordentlich verpackt ist.

Handelt es sich um einen Geschenkkauf, soll die Ware sowohl den Vorstellungen des Schenkenden als auch den Wünschen des Beschenkten entsprechen. Dabei ist die Wunschermittlung durch die Wahrnehmung des Schenkenden geprägt und sein Kaufmotiv (meist Selbstdarstellung oder Vermittlung von Freude) ein anderes als das des Beschenkten. Um einen Umtausch zu vermeiden, müssen beide Seiten zufrieden und überzeugt sein. Die Nutzenargumentation bezieht sich aus diesem Grund auf die vermutete Wirkung des Geschenks und den

Nutzen für den Beschenkten. Um dem Käufer Sicherheit zu geben, wird generell ein Umtausch angeboten. Kann sich der Kunde gar nicht entscheiden, ist ein Geschenkgutschein eine akzeptable Alternative.

3.6 Kundenorientierter Umgang mit Reklamation und Umtausch

Kunden können aus verschiedensten Gründen nach dem Kauf eines Angebots unzufrieden sein und es zurückgeben wollen. Ist das erworbene Angebot fehlerhaft, handelt es sich um eine Reklamation mit eventuellen Rechtsfolgen, ist es fehlerfrei, liegt ein Umtausch vor, dessen Handhabung von der Kulanz des Unternehmens abhängt. Unabhängig von der rechtlichen Situation (siehe Kapitel 12) erfolgt das kundenorientierte Vorgehen in sechs Schritten:

1. *Den Kunden in eine ruhige Ecke führen.*
2. *Der Kunde erhält die Gelegenheit, sein Problem zu schildern.*
3. *Der Kundenberater formuliert das Problem in eigenen Worten und zeigt so, dass er den Kunden verstanden hat.*
4. *Der Kundenberater zeigt dem Kunden einen Lösungsvorschlag auf, der den Kunden zufrieden stellen würde.*
5. *Jetzt erst: Prüfung der Reklamation / des Umtauschs auf Berechtigung durch Begutachten der Ware, des Kassenscheins etc.*
6. *Reklamationsabwicklung, Umtausch, Kulanz oder eine plausible Begründung, warum keine Handlungsmöglichkeit besteht.*

Grundsätzlich gilt: Erst ist der Kunde zufrieden zu stellen, dann werden die näheren Umstände geprüft.

Dabei wird immer versucht, eine großzügige, kundenorientierte Lösung zu finden, denn das verlorene Vertrauensverhältnis muss wiederhergestellt und stabilisiert werden.

Besonders im Fall einer Reklamation ist die Geschäftsbeziehung zunächst belastet: Der Kunde ist darauf vorbereitet, sich rechtfertigen und um sein Recht kämpfen zu müssen, der Verkäufer sieht sich mit zusätzlicher Arbeit konfrontiert. Deshalb ist eine positive und problemlösende Herangehensweise die Grundlage für derartige Gespräche.

Viele Unternehmen haben die Vorgehensweise bei Reklamation und Umtausch im Rahmen des Beschwerdemanagements festgelegt (siehe auch Kapitel 2.6.4).

Nr.	Frage	Antwort
1.	Welche Phasen kennzeichnen ein typisches Kundengespräch?	
2.	Worin liegt der Unterschied zwischen einem Aushändigungs- und einem Beratungsverkauf?	
3.	Wie sollte die Kontaktaufnahme zu Kunden erfolgen, die durch das Geschäft bummeln?	
4.	Was versteht man unter „kundenorientierter" Argumentation?	
5.	Welche Aspekte sind bei der Preisargumentation zu beachten?	
6.	Ein Kunde sucht Sportschuhe. Der Verkäufer fragt ihn: „Wozu möchten Sie die Schuhe verwenden?". a) Um welche Frageart handelt es sich? b) Warum verwendet der Verkäufer diese Frageart? c) Welche weiteren Fragearten kennen Sie? d) Wann werden diese eingesetzt?	
7.	Für welche Art von Kundeneinwänden verwendet man die Divisionsmethode und für welche die Differenzmethode? Geben Sie Beispiele.	
8.	Entkräften Sie den folgenden Kundeneinwand mit der Ja-und-Methode und mit der Referenzmethode: „Der Fahrradhelm hat aber eine merkwürdige Form."	
9.	Wie verhalten Sie sich, wenn die Begleitperson eines Kunden sich mit völlig falschen Argumenten in Ihre Verkaufsargumentation einmischt?	
10.	Wie interpretieren Sie es, wenn der Kunde während der Verkaufsargumentation die Arme verschränkt und einen Schritt zurücktritt? Wie verhalten Sie sich?	

Aufgaben zur Selbstkontrolle

4 Beratung und Verkauf von Dienstleistungen

Die bisherigen Ausführungen lassen sich im Großen und Ganzen sowohl auf Sachgüter/Waren als auch auf Dienstleistungen anwenden. Ergänzt werden sie durch die in diesem Kapitel dargestellten Gesichtspunkte, die aus den charakteristischen Eigenschaften von Dienstleistungen resultieren. Kunden nehmen Dienstleistungsangebote anders wahr, prüfen und vergleichen sie anders als Waren. Diese Besonderheiten müssen bei der Beratung und dem Verkauf von Dienstleistungen berücksichtigt werden.

4.1 Die Bedeutung von Dienstleistungen

Die Bedeutung des Dienstleistungssektors ist sehr groß. Wie Sachleistungen werden Dienstleistungen in immer größerer Vielzahl mit unzähligen Varianten angeboten. Die steigende Nachfrage nach Dienstleistungen liegt vor allem in folgenden Punkten begründet:

- Kunden zeigen wachsende Ansprüche, sinkende Loyalität und den Wunsch nach Bequemlichkeit (Convenience).
- Die veränderte Altersstruktur der Gesellschaft führt zu einer stärkeren Nachfrage nach Pflege- und Freizeitdienstleistungen.
- Die technologische Entwicklung erhöht die Komplexität von Sachgütern, die durch Dienstleistungen aufgefangen wird, und ermöglicht elektronische Verkaufsformen.
- Die zunehmende Konkurrenz macht das Anbieten von zusätzlichen Serviceleistungen zur Differenzierung erforderlich.

Der Dienstleistungsbereich ist sehr heterogen. Es gibt eigenständige Dienstleistungsangebote, wie z.B. medizinische Beratungen, Bankleistungen oder Weiterbildungsmaßnahmen. Andere Dienstleistungen werden zusammen mit Sachgütern verkauft: Fliesenleger beispielsweise verkaufen ihre Arbeitsleistung und die zu verlegenden Fliesen, Gastronomie und Hotellerie kombinieren Service und Warenangebot.

Fast alle Anbieter und Vertreiber von Waren bieten Dienstleistungen als Zusatzleistungen an, um sich von der Konkurrenz abzuheben und Kunden zu binden.

Die Unterschiede der verschiedenen Dienstleistungsangebote liegen darüber hinaus in der Intensität der Interaktion zwischen Anbieter und Kunde sowie im Abstraktionsgrad des Ergebnisses. Beispielsweise ist die Interaktion zwischen Arzt und Patient bei einer medizinischen Beratung sehr groß. Das Ergebnis ist sehr abstrakt, da es für den Patienten nicht sofort sichtbar und in seiner Richtigkeit und Auswirkung schwer überprüfbar ist. Dagegen ist die Reparatur eines Elektrogerätes weitgehend unabhängig vom Austausch zwischen Kunde und Monteur und das Ergebnis vom Kunden sofort einschätzbar.

Auch im Dienstleistungsbereich gibt es sowohl Discount-Anbieter als auch Markenware. Die Preisbildung ist bei Dienstleistungen trotz vorliegender Gebührenordnungen für manche Sparten sehr variabel und für Kunden undurchsichtig. Wie bei Sachgütern beeinflusst der Preis die Qualitätswahrnehmung.

Die Abgrenzung von Sach- und Dienstleistungen ist häufig fließend, die Definition von Dienstleistungen deshalb schwierig. Vereinfacht kann man sagen:

> *Eine Dienstleistung ist die Bereitschaft eines Anbieters,*
> *seine Leistungsfähigkeit an einem Kunden oder seinem*
> *Besitz anzuwenden, wodurch dieser eine Nutzen bringende*
> *Veränderung erfährt.*

Deutlich wird dies, wenn man die besonderen Eigenschaften von Dienstleistungen betrachtet.

4.2   Besonderheiten von Dienstleistungen

Dienstleistungen sind durch drei grundsätzliche Eigenschaften charakterisiert:

1. *Dienstleistungen sind immaterielle Güter (Immaterialität).*

2. *Produktion und Absatz erfolgen zeitgleich (Uno-actu-Prinzip).*

3. *Ein externer Faktor muss beteiligt sein (Integration des externen Faktors).*

4.2.1 Immaterialität

Dienstleistungen kann man nicht mit den fünf Sinnen erfassen. Sie sind physisch nicht präsent (Intangibilität), können nicht vorgeführt und somit auch nicht wie Waren geprüft und beurteilt werden. Auch wechseln sie nicht gegenständlich den Besitzer und können leicht imitiert werden. Dies erschwert den Verkauf von Dienstleistungen und trägt dazu bei, dass ihr Kauf im Vergleich zu Waren als riskanter empfunden wird. Dementsprechend groß ist der Informations- und Beratungsbedarf des Kunden vor dem Kauf. Da das Angebot nicht physisch vorhanden ist, muss der Kundenberater die Leistung so anschaulich und informativ wie möglich schildern. Dies setzt sowohl eine vertrauensvolle Kunden-Mitarbeiter-Beziehung als auch ausgeprägte fachliche und menschliche Kompetenzen des Kundenberaters voraus.

4.2.2 Uno-actu-Prinzip

Dienstleistungen existieren vor dem Kauf noch nicht. Sie werden in dem Moment erbracht, in dem sie auch verbraucht werden.

> *Eine Vorabproduktion oder Lagerung von Dienstleistungen ist nicht möglich.*

Durch die konstante Produktionsmenge ist die Anpassung an Nachfrageschwankungen – wenn überhaupt – nur mit zeitlicher Verzögerung denkbar. In der Praxis kommt es deshalb zu Wartezeiten für Kunden und zu Kosten für Unternehmen, die durch die Aufrechterhaltung der Leistungsfähigkeit entstehen, auch wenn keine Nachfrage besteht. So muss beispielsweise ein Flugzeug auch dann starten, wenn nicht alle Plätze gebucht sind.

4.2.3 Integration des externen Faktors

Dienstleistungen werden an einem Kunden (beim Friseur) oder an seinem Besitz (bei der Autoreparatur) erbracht. Dies erfordert häufig die Anwesenheit und das Mitwirken des Kunden. Bei regelmäßig wahrgenommenen Dienstleistungen, die die Anwesenheit des Kunden erfordern, ist ein kundennaher Standort wichtig. Die Produktion erfolgt also durch das Zusammenwirken von Kunde und Dienstleistungsersteller. Durch die erforderliche Mitwirkung beeinflusst der Kunde die Qualität der Leistungserstellung und trägt zu Qualitätsschwankungen bei, die außerhalb der Verantwortung des Dienstleitungsunternehmens stehen. So können Warteschlangen dadurch verursacht sein, dass Kunden zu einem Termin zu spät kommen oder langsam agieren. Oder: Beratungen können nur dann in der erwarteten Qualität durchgeführt werden, wenn der Kunde die erforderlichen Unterlagen beibringt.

Überblick über die Unterschiede von Sach- und Dienstleistungen:

Sachleistung/Sachgut/Ware	Dienstleistung
• Gegenständlich	• Immateriell
• Lager- und transportfähig	• Nicht lager- und transportfähig
• Ohne Beteiligung des Kunden möglich	• Kunde ist an der Erstellung beteiligt
• Eigentums-/Besitzerwechsel	• Kein Eigentums-/Besitzerwechsel
• Vorführung, Prüfung und Qualitätsbeurteilung sind vor dem Kauf möglich	• Vorführung, Prüfung und Qualitätsbeurteilung sind nicht vor dem Kauf möglich
• Die Bedeutung der Beratung hängt von der Komplexität des Produktes ab	• Große Bedeutung der Beratung unabhängig vom Angebot
• Plan- und Impulskäufe	• Eher wenig Impulskäufe
• Standardisierbar (Massenproduktion)	• Nicht standardisierbar, da durch Menschen erbracht

4.3   Qualität und Beurteilung von Dienstleistungen

Dienstleistungen werden auch als Vertrauensgüter bezeichnet. Ihre Qualität kann, anders als die von Sachgütern, aufgrund ihrer Eigenschaften nicht vor dem Kauf geprüft werden. Der Kunde kann sie erst dann beurteilen, wenn er Erfahrungen durch ihre Nutzung gesammelt hat (Service im Hotel). Die Beurteilung kann auch auf dem Vertrauen in den Erbringer der Dienstleistung basieren, weil dem Kunden das Spezialwissen für die Einschätzung der Qualität fehlt oder die Leistung erst in einer Ausnahmesituation erbracht wird (z.B. der richtige Einbau eines Airbags oder die Leistung einer Risikolebensversicherung).

> *Es gilt: Je abstrakter die Dienstleistung, desto stärker müssen materielle Leistungen zur Einschätzung der Qualität herangezogen werden.*

Folgende Darstellung verdeutlicht den Zusammenhang:

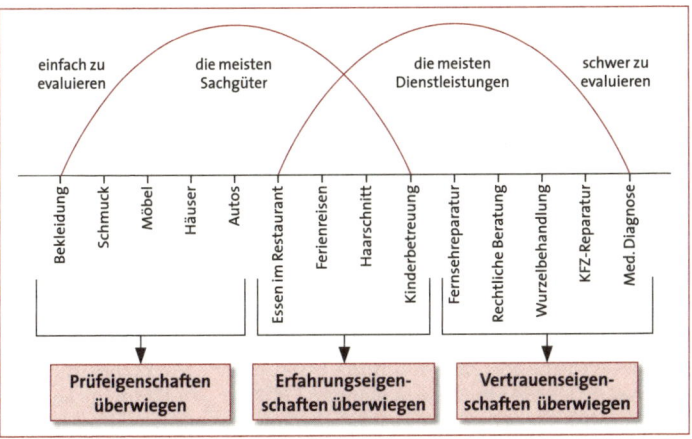

Abb. 4.1: Unterschiede zwischen Sachgütern und Dienstleistungen, Darstellung in Abwandlung nach: Zeithaml, 1984 S. 186 in Haller, 2002

Das Kaufrisiko wird zudem für den Kunden durch folgende Umstände erhöht:
- Mangel an objektiven Informationsquellen vor dem Kauf
- Keine Umtauschmöglichkeit bei Nichtgefallen
- Meist keine Garantie
- Meist keine Möglichkeit, Dienstleistungen rückgängig zu machen
- Erschwertes Vergleichen von Dienstleistungen durch fehlende Standardisierung: Menschen, die individuelle Charaktere haben und Leistungs- sowie Stimmungsschwankungen unterliegen, erbringen Leistungen für Menschen, die sie je nach persönlicher Verfassung subjektiv beurteilen und darauf reagieren. So hängt

beispielsweise die Unterrichtsqualität von Lehrern und Schülern ab. Sie wird von beiden Seiten unterschiedlich wahrgenommen und beurteilt.

- Erschwerter Zugang zu vergleichbaren Dienstleistungen, da sie nicht wie Waren vom Handel vertrieben werden, sondern direkt durch den Ersteller oder über Vermittler, die meist nur einen oder wenige Anbieter repräsentieren.

Da der Wechsel eines Dienstleistungsanbieters für den Kunden einen großen Aufwand darstellt und ein zusätzliches Risiko beinhaltet, ist die Kundenbindung im Dienstleistungsbereich eher hoch. Das hat für den Anbieter den Vorteil, dass der Kunde bei guter Erfahrung seine Gewohnheiten beibehält. Die Abwanderungsgefahr ist dadurch geringer, der Aufwand der Neukundenakquisition durch Abwerben von der Konkurrenz aber entsprechend groß.

> *Deshalb stellt die Qualität einer Dienstleistung einen der zentralen Wettbewerbsfaktoren und den Schlüssel für die Kundenzufriedenheit dar.*

Um die Qualität einer Dienstleistung beurteilen zu können, vergleichen Kunden ihre Erwartungen mit ihren Erfahrungen. Die Erwartungshaltung setzt sich zusammen aus eigenen Erfahrungen, Bedürfnissen, der Kommunikation des Anbieters und verfügbaren Informationen. Bevorzugte Informationsquellen sind Freunde und Vertraute aus dem eigenen Umfeld, die selbst schon Erfahrungen mit dem Angebot gemacht haben. Empfehlungen sind ebenso wie das Image des Anbieters im Dienstleistungsbereich sehr wichtig. Entscheidend für die Beurteilung der Qualität ist nicht die objektive, sondern die vom Kunden wahrgenommene Qualität. Folgende Kriterien sind ausschlaggebend für die Qualitätsbeurteilung und Kaufentscheidung:

- Die Zuverlässigkeit der Leistungserstellung
- Die Reaktionsfähigkeit des Unternehmens, auf die Wünsche der Kunden einzugehen
- Die fachliche und menschliche Kompetenz der Mitarbeiter (Kommunikation, Höflichkeit, Glaubwürdigkeit, Vertrauen)
- Das Einfühlungsvermögen den Kunden gegenüber
- Die Annehmlichkeit des Umfelds (Geschäftsräume, Erscheinungsbild der Mitarbeiter)

Die Beachtung dieser Kriterien kann dabei helfen, Dienstleistungen zu standardisieren.

4.4 Beratung und Verkauf von Dienstleistungen

Beratung und Verkauf im Rahmen eines persönlichen Gesprächs haben bei Dienstleistungen eine noch größere Bedeutung als bei Sachgütern.

Bei fast allen Dienstleistungsangeboten kommt es zum Kontakt zwischen Kunden und Mitarbeitern, da Dienstleistungen das Leistungspotenzial von Menschen vermarkten. Die persönliche Kommunikation ist umso wichtiger,

- je höher der Immaterialisierungsgrad der Dienstleistung (medizinisches Beratungsgespräch),
- je außergewöhnlicher der Gesprächsanlass (Arbeitslosigkeit),
- je stärker die Beteiligung des Kunden an einer individuellen Lösung (Reisebüro) und
- je höher sein Zeitaufwand ist (Berufsausbildung).

Dementsprechend werden auch mehrere Intensitäten von Kundengesprächen unterschieden:

- Ausführliche Beratungsgespräche mit Termin (Anlageberatung)
- Standardberatungsgespräche (Buchung einer Reise)
- Small Talk während der Erbringung der Dienstleistung (Friseur)

Im Folgenden wird beschrieben, wie die besonderen Merkmale von Dienstleistungen im Beratungsgespräch und beim Verkauf berücksichtigt werden.

4.4.1 Immaterialität/Intangibilität

Weil Dienstleistungen vor dem Kauf nicht physisch vorhanden sind, liegt die Hauptaufgabe der persönlichen Beratung zunächst darin, das Unsichtbare sichtbar zu machen und dem Kunden das Gefühl zu nehmen, mit dem Kauf ein Risiko einzugehen. Mit Worten, am besten multimedial unterstützt durch Fotos, Muster oder bewegte Bilder (Demo-Videos), wird die Dienstleistung kreativ und mit Überzeugungskraft so dargestellt, dass der Kunde die erforderlichen Informationen erhält und gleichzeitig seine Emotionen geweckt werden.

> *Ziel ist die Visualisierung der Dienstleistung für den Kunden und seine geistige Auseinandersetzung damit.*

Auch bei Dienstleistungen ist es erforderlich, die Bedürfnisse des Kunden zu kennen, auf diese einzugehen und nutzenorientiert zu argumentieren. Dem Kunden müssen trotz der Intangibilität der Dienstleistung sein Vorteil und das zu erzielende Ergebnis klar sein. Bei einer Handwerksleistung, wie z.B. dem Verlegen von Fliesen, ist das unproblematisch. Der Kunde sieht das Ergebnis, wenn die Fliesen verlegt sind, und kann es sofort beurteilen. Bei einer Steuerberatung ist das Ergebnis und damit der Nutzen zu einem großen Teil mit Vertrauen in den Berater verbunden und stellt sich häufig erst verzögert ein. Für diesen konkreten Fall kann der Nutzen im Vorfeld z.B. durch die berechnete Steuerersparnis verdeutlicht werden. Greifbare Nachweise wie Referenzen, empirische Ergebnisse oder Zahlen helfen dabei. So kann Unterrichtsqualität z.B. anhand der Lehrerausstattung oder der Teilnahme an Lehrerfortbildungen gemessen werden.

> *Grundlage für die erfolgreiche Beratung beim Verkauf von Dienstleistungen ist, noch stärker als bei Waren, das Vertrauen des Kunden in den Berater.*

Er muss sich wegen der fehlenden Greif- und Prüfbarkeit der Dienstleistung vor dem Kauf auf die Aussagen des Beraters verlassen. Die Wirkung der Beratung wird unterstützt, wenn sie am Ort der Leistungserbringung erfolgen kann. Die Ausstattung der Geschäftsräume beeinflusst die Erwartung des Kunden an die Qualität der Leistung und trägt zur Vertrauensbildung bei.

Entscheidet sich der Kunde für den Kauf, wird seine positive Wahrnehmung der Dienstleistung dadurch verstärkt, dass zuvor in Aussicht gestellte Leistungselemente bei ihrer Erbringung angekündigt und erläutert werden. So festigt sich das Vertrauen eines Patienten in seinen Zahnarzt, wenn dieser die einzelnen Schritte während der Behandlung ankündigt und dabei erläutert. Der Patient fühlt sich nicht hilflos ausgeliefert, sondern einbezogen und beachtet.

4.4.2 Uno-actu-Prinzip

Um die vorhandenen Kapazitäten gut auszulasten und gleichzeitig Engpässe zu vermeiden, werden gezielt Mittel der Anpassung von Angebot und Nachfrage eingesetzt, die den Verkauf unterstützen.

Beispiele

- *Preisdifferenzierung: In nachfrageschwachen Zeiten werden Preise gesenkt, um Anreize für eine gute Auslastung zu bieten. Beispiele sind Happy Hour, Kinotage, Frühbucherrabatte u.v.m.*
- *Reservierungen: Um die Nachfrage gleichmäßig zu verteilen und so Warteschlangen zu vermeiden, werden Termine vergeben (Arzt, Friseur).*
- *Entlastende Leistungen: Ziel dieser Angebote ist es, unvermeidbare Wartezeiten zu reduzieren oder für den Kunden unterhaltsam zu überbrücken. Beispiele hierfür sind Demo-Videos in Wartebereichen, Schilder, die verbleibende Wartezeiten ankündigen, Vorabend-Check-in bei Flugreisen.*
- *Anstellung von Aushilfskräften: In Spitzenzeiten wird das Stammpersonal durch Aushilfskräfte verstärkt, die Arbeiten verrichten, für die keine besonderen Kenntnisse erforderlich sind.*

4.4.3 Integration des externen Faktors

> *Je stärker der Kunde an der Erbringung der Dienstleistung beteiligt werden muss, desto wichtiger ist es, ihm Wege aufzuzeigen, wie er diese unterstützen kann.*

So kann ein Finanzberater dem Kunden vor dem Gespräch eine Checkliste mit notwendigen Unterlagen zukommen lassen, die der Kunde zum Beratungstermin mitbringen soll. Vorsicht ist geboten, wenn je nach Dienstleistung zu viel Kommunikation als aufdringlich empfunden werden kann.

In der Praxis wird zunehmend versucht, Abläufe von Dienstleistungen zu standardisieren, um den Faktor „Mensch" einschätzbarer zu machen und dadurch die Kundenzufriedenheit zu erhöhen. So hat McDonald's für den Verkauf eine Anleitung erstellt, die von der Begrüßung bis zur Verabschiedung des Kunden alle Schritte des Kundengesprächs und der Bestellungsabwicklung regelt.

Zur Ergänzung und Unterstützung des Beratungsgesprächs gewinnen Maßnahmen der Verkaufsförderung auch für Dienstleistungen an Bedeutung. Sie helfen bei der Materialisierung der Dienstleistungsangebote, können Kunden positiv darauf einstimmen und unterstützen die Erinnerung. Beispiele hierfür sind Coupons an Waren (z.B. Massagegutschein an einer Bodylotion), Schnuppertage in Ausbildungseinrichtungen, Videos von Hotelanlagen u.v.m.

4.5   Anforderungen an den Kundenberater

Im Dienstleistungsbereich gelten für die Fachkompetenz und Kundenorientierung der Kundenberater grundsätzlich gleiche Anforderungen wie beim Verkauf von Waren

Durch die Notwendigkeit der anschaulichen Präsentation von Dienstleistungen sind berufliches Fachwissen und kommunikatives Geschick noch bedeutender und kaum durch Aushilfskräfte zu kompensieren. Da Dienstleistungen oft auf Vertrauensbasis gekauft werden, müssen Mitarbeiter zudem äußerst glaubwürdig, einfühlsam und verlässlich sein. Mehr noch als bei Sachgütern repräsentieren sie den Anbieter und das zu verkaufende Angebot. An ihnen machen Kunden die Kompetenz, Qualität und Wertigkeit der Leistung fest. Damit beeinflussen sie sowohl den Erstkauf als auch den Wiederkauf. Oft sind Kundenberater nicht nur die Verkäufer, sondern auch die Erbringer der Dienstleistung (Ärzte, Berater, Handwerker). In diesem Fall benötigen sie neben der Fachkompetenz und menschlichen Eignung auch noch verkäuferisches Geschick sowie eine ausgeprägte Serviceorientierung.

Bedeutend für die Kundenbetreuung im Dienstleistungsbereich ist Kontinuität.

Das Vertrauen des Kunden ist oft an die Person gebunden, die die Dienstleistung erbringt (Friseur, Arzt). Dies gilt vor allem für Dienstleistungen, die komplex, individuell oder langfristig sind, bzw. wenn der Kunde zur Dienstleistung unerfahren ist. Folglich kann ein Personalwechsel zum Verlust des Kunden führen, wenn dieser mit dem Mitarbeiter zu einem anderen Anbieter wechselt oder sich nicht mehr gebunden fühlt und wechselt. Deshalb ist die Bindung der Mitarbeiter durch Motivation und Handlungsspielräume entsprechend wichtig.

4.6   Vertrieb von Dienstleistungen

Dienstleistungen werden meist direkt vom Anbieter vertrieben. Je individueller die Dienstleistung ist, desto eher ist auch der Anbieter der Erbringer der Dienstleistung. Ist der Anbieter größer, betreibt er eigene Filialen oder nutzt Franchising.

Alternativ kann die Dienstleistung über einen Vermittler angeboten werden, wie z.B. Angebote von Reiseveranstaltern durch Reisebüros oder Versicherungen durch Agenturen. Diese haben dann Beratungs- sowie Verkaufsfunktion, erbringen einen Teil der Dienstleistung bereits im Vorwege (Reisebüro: Beratung, Buchung, Rechnungslegung) und repräsentieren den Anbieter gegenüber dem Kunden. Auswahl und Schulung solcher Vermittler sind dementsprechend entscheidend für das Image des anbietenden Unternehmens und müssen sorgfältig durchgeführt werden. Oft kommt es zu Leistungsversprechen seitens der Vermittler, die der Anbieter nicht einhalten kann. Dies führt zu falschen Erwartungen und zur unnötigen Verärgerung des Kunden.

Trotz der unbestrittenen Bedeutung des persönlichen Gesprächs lässt sich auch bei Dienstleistungsangeboten ein Trend zur Automatisierung feststellen (Bankautomaten). Ebenso werden Dienstleistungen auch online vermarktet. Für Finanz- und Versicherungsangebote, die Unterhaltungsbranche (Musiktitel und Tickets) sowie für Verkehrsdienstleistungen ist der Internetverkauf fester Bestandteil der Geschäftätigkeit. Das funktioniert vor allem bei Angeboten, die wenig erklärungsbedürftig und vertrauensintensiv sind. Dennoch werden mit zunehmendem Erfolg sogar Handwerkerleistungen online verkauft.

	Nr.	Frage	Antwort
Aufgaben zur Selbstkontrolle	1.	Worin unterscheiden sich Waren und Dienstleistungen?	
	2.	Welche Konsequenzen hat das für Verkauf und Beratung?	
	3.	Wie ist es zu erklären, dass Dienstleistungen trotzdem über das Internet verkauft werden?	
	4.	Mit welchen Dienstleistungsangeboten können sich Unternehmen vom Wettbewerb abheben?	
	5.	Was beachten Sie, wenn Sie eine Beratung verkaufen sollen (Beispiel: Stilberatung)?	

5   Verkaufsfördernde Geschäfts- und Verkaufsraumgestaltung

Beim persönlichen Verkauf über ein Ladenlokal werden komplementär unterstützend zu Beratung und Verkauf die Geschäfts- und Verkaufsräume aktiv gestaltet. Auch die Platzierung und Präsentation der Waren erfolgt zielgerichtet. Dies wird als Visual Merchandising bezeichnet. Ziel ist es, das Verhalten von Kunden erfolgswirksam zu beeinflussen und sich vom Wettbewerb zu unterscheiden. Da hierfür eine Fülle von Instrumenten zur Verfügung steht, spricht man in Anlehnung an das Marketing-Mix vom Instore-Mix. Die Gestaltungsbereiche Außenfront und Verkaufsraum betreffen dabei weitgehend alle Unternehmen mit persönlichem Verkauf, die Platzierung und Präsentation von Waren bezieht sich primär auf den stationären Einzelhandel. Auf Gestaltungseinschränkungen durch den Grundriss des Geschäftsraumes und eventuelle Versorgungsleitungen soll hier nicht gesondert eingegangen werden.

5.1   Außenfront

Die Außenfront der Geschäftsräume vermittelt häufig den ersten Eindruck, den ein Kunde von einem Unternehmen bekommt, und gleicht damit in ihrer Funktion einer Visitenkarte. Der Kunde erhält Informationen u.a. zur Branche, zur Betriebsform und zum Sortiment. Gleichzeitig wird eine erste Einschätzung ausgelöst, erste Imagefaktoren prägen sich.

> *Die Außenfront eines Geschäfts soll ähnlich wirken wie eine Werbeanzeige. Sie will Aufmerksamkeit erzeugen, Interesse und Wünsche wecken sowie eine Handlung auslösen (AIDA-Formel).*

Vier Elemente der Außenfront sollen hier betrachtet werden: die Fassade, das Firmenschild, das Schaufenster, der Eingangsbereich.

5.1.1   Die Fassade

Die Fassade vermittelt den Charakter und die Größe des Geschäfts. Sie trägt dazu bei, dass der Kunde sich an den Standort erinnert und sich das Geschäft im Konkurrenzumfeld abhebt. Die Fassadengestaltung umfasst die gesamte zur Verfügung stehende Außenfront. Mehrstöckige Geschäfte stellen so ihre Größe bereits über die Optik ihrer Fassade dar.

> *Branchenunabhängig muss die Fassade gepflegt und in einem einwandfreien baulichen Zustand sein.*

Gestaltungselemente wie z.B. Fassadenprofile, Beleuchtung, Farben oder Fahnen werden je nach Ladencharakter und Branche eingesetzt.

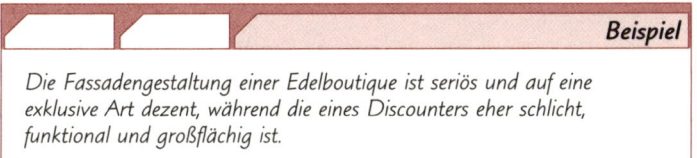

Beispiel

Die Fassadengestaltung einer Edelboutique ist seriös und auf eine exklusive Art dezent, während die eines Discounters eher schlicht, funktional und großflächig ist.

5.1.2   Das Firmenschild

Prägend für die Außenfront und den Charakter des Geschäftes ist das Firmenschild. Es zeigt das Logo und den Namen des Unternehmens. Das Firmenschild unterstützt den Kunden bei der Wiedererkennung des Geschäfts. Deswegen soll es unverwechselbar und einprägsam sein. Es ist darauf zu achten, dass Schriftart, Schriftgröße, Farb- und Bildgestaltung in sich stimmig sind und vor allem zum Charakter und Angebot des Unternehmens passen.

> *Das Firmenschild sollte in Größe, Gestaltung und Platzierung eine harmonische Einheit mit der Fassade bilden.*

Auch im Dunkeln muss es durch entsprechende Beleuchtung gut lesbar sein.

5.1.3   Das Schaufenster

Das Schaufenster ist das Gesicht des Unternehmens. Besonders wenn eine aktive Gestaltung der Fassade nicht möglich ist, soll es die

Aufmerksamkeit von Passanten wecken. Der potenzielle Kunde erhält einen Überblick über die angebotenen Waren und Dienstleistungen sowie über das Preisniveau des Sortiments. Werden die Angebote erlebnisorientiert und gemäß ihrer Verwendung präsentiert, wirkt das Schaufenster kaufstimulierend. Folgende Aspekte sind bei der Schaufenstergestaltung zu berücksichtigen:

- *Die Ware ist übersichtlich angeordnet und in einem einwandfreien Zustand (keine ausgeblichenen Artikel).*
- *Der Schaufensterinnenraum und die Scheiben sind sauber.*
- *Die Auslage wird zwecks Abwechslung und Attraktivität regelmäßig ausgetauscht.*
- *Das Fenster enthält einen Blickfang, der thematisch und farblich auf das weitere Angebot abgestimmt ist. Er ist in Laufrichtung auf Augenhöhe der Passanten angeordnet und lenkt die Aufmerksamkeit auf das ausgestellte Angebot.*
- *Das Angebot wird vor einem Erlebnishintergrund präsentiert.*
- *Die Dekoration ist ansprechend, passend zum Geschäftsimage und unterstützt die Wirkung der Angebote.*
- *Das Schaufenster ist gut ausgeleuchtet mit einzelnen Akzenten auf besonders hervorzuhebende Angebote.*
- *Jeder Artikel ist mit einem gut lesbaren und zuordenbaren Preis versehen.*

Folgende Formen der Schaufenstergestaltung werden unterschieden:

- **Übersichtsfenster:** *gibt einen guten Überblick über das gesamte Angebot an Waren und Dienstleistungen*
- **Stapelfenster:** *zeigt eine Warengruppe in einer großen Menge (z.B. Haushaltsartikel, Lebensmittel)*
- **Themenfenster:** *zeigt das Angebot in einem thematischen Rahmen (Weihnachten, Urlaubszeit)*
- **Qualitätsfenster:** *präsentiert wenige ausgesuchte Artikel*
- **Markenfenster:** *präsentiert das Angebot eines Herstellers*

5.1.4 Der Eingangsbereich

Der Eingangsbereich sollte möglichst großzügig und barrierefrei, d.h. ohne Stufen o.Ä., gestaltet sein. Das vermindert die Schwellenangst der

Passanten beim Entschluss, den Laden zu betreten. Breite Türen, die einen guten Einblick in die Geschäftsräume ermöglichen, und eine helle Beleuchtung sorgen für eine positive Atmosphäre. Durch einen möglichst fließenden Übergang vom Eingangsbereich zum Verkaufsraum soll der Kunde förmlich in den Laden hineingezogen werden. Unterstützt wird dies durch eine gut ausgeleuchtete Überdachung des Eingangsbereichs, die Verwendung gleicher Fußbodenbeläge im Eingangsbereich und im Verkaufsraum sowie das Aufstellen von Warenträgern. Darauf platzierte Aktionsware und Neuheiten drosseln das Tempo, mit dem die Kunden das Geschäft betreten und lenken sie in den Laden.

Die Aufsteller dürfen den Eingangsbereich jedoch nicht blockieren.

5.2 Geschäfts- und Verkaufsraumgestaltung

Die Bedeutung der Geschäfts- und Verkaufsraumgestaltung ist in den letzten Jahren kontinuierlich gestiegen. Es gibt eine Vielzahl von Einkaufsstätten mit austauschbarem Sortiment und vergleichbaren Preisen. Unternehmen ergreifen deshalb spezielle Maßnahmen, die sie von der Konkurrenz unterscheidbar machen. Hinzu kommt, dass etwa 80 % der Kaufentscheidungen am Ort des Verkaufs (Point of Sale, POS) fallen.

Das Ziel der Geschäftsraumgestaltung ist deshalb, durch eine gezielte Gestaltung des Verkaufsraumes und die verkaufsfördernde Verteilung der Waren und Warenträger die Einkaufsqualität des Kunden zu optimieren, seine Verweildauer im Laden zu erhöhen und so möglichst viele Produktkontakte und Verkäufe zu erreichen.

Dabei sind sowohl quantitative Gesichtspunkte, d.h. betriebswirtschaftliche Kennzahlen, als auch qualitative Aspekte, wie z.B. Kundenorientierung und Verkaufsatmosphäre, zu berücksichtigen.

Geschäfts- und Verkaufsräume lassen sich in vier Funktionsflächen aufteilen:

1. **Kundenfläche:** *Flächen, auf denen sich Kunden aufhalten, z.B. Laufwege, Treppen*
2. **Angebotsflächen:** *Flächen, auf denen das Angebot präsentiert wird, im Einzelhandel die Flächen, auf denen vorwiegend die Warenträger stehen*
3. **Übrige Verkaufsfläche:** *z.B. Umkleidekabinen, Kassenzone*
4. **Nebenflächen:** *alle für Kunden unzugänglichen Flächen, die der internen Geschäftstätigkeit dienen*

Es stellt sich nun die Frage, wie viel Fläche den einzelnen Funktionen zur Verfügung gestellt und wie diese Flächen angeordnet werden sollten, um sowohl eine möglichst hohe Flächenproduktivität als auch eine optimale Kundenorientierung zu erreichen. Grundsätzlich ist es jedem Unternehmen überlassen, wie es seine Verkaufsräume einrichtet. Werden jedoch grundsätzliche Regeln für die Gestaltung der Verkaufsfläche, d.h. aller für Kunden zugänglichen Teile eines Geschäftes, beachtet, kann dadurch der Erfolg deutlich erhöht werden.

5.2.1   Grundsätze für die Verkaufsraumgestaltung

Eine angenehme Verkaufsatmosphäre fördert die Kundenzufriedenheit

> *Kunden, die sich in einem Geschäft wohl fühlen, halten sich dort länger auf.*

Damit steigt auch die Wahrscheinlichkeit, dass sie mehr kaufen. Ein solches Wohlgefühl erreicht man, indem man alle fünf Sinne des Kunden – sehen, hören, riechen, tasten und schmecken – anspricht. Kunden, die die Ware aktiv wahrnehmen können, fühlen sich angenehm eingebunden und setzen sich stärker mit dem Angebot auseinander. Dies muss allerdings in sich stimmig und unaufdringlich geschehen, da es sonst beim Kunden zur Reizüberflutung verbunden mit negativen Reaktionen kommt.

Folgende Gestaltungselemente fördern die Verkaufsatmosphäre:
- Sauberkeit und Ordnung: sind Grundvoraussetzungen, die von jedem Kunden in jeder Art von Geschäft erwartet werden.
- Gangbreite: Um sich wohl zu fühlen, müssen sich Kunden frei in den Gängen bewegen können. Diese sollten daher ca. zwei Meter

breit sein. Eine geringere Breite ist immer dann unproblematisch, wenn die Warenträger sehr niedrig sind.

- Höhe der Warenträger: Kunden überblicken gerne den gesamten Laden. Ihr Blick sollte deshalb nicht von Warenträgern versperrt sein. Eine kundenfreundliche Höhe wäre 1,6 Meter (Produktoberkante). Die Praxis, vor allem im Lebensmittelbereich, zeigt jedoch Standardhöhen von bis zu zwei Metern (Regaloberkante).
- Beleuchtung: Die Grundbeleuchtung sollte ein warmes freundliches Licht geben, in dem Waren leicht erkennbar und prüfbar sind. Besondere Sortimentsteile können zudem durch Akzentbeleuchtung hervorgehoben oder in Szene gesetzt werden.
- Raumtemperatur: Die Wohlfühltemperatur liegt bei 18°C bis 20°C und darf in ihrer Bedeutung nicht unterschätzt werden. Meist regeln Klimaanlagen die Temperatur.
- Farbgebung: Farben haben eine psychologische Wirkung, die zielgruppen- und sortimentsspezifisch einsetzbar ist. Die Grundfarbgestaltung eines Geschäftsraumes ist meist zurückhaltend, damit die Angebote wirken können.
- Hintergrundmusik: Auch die Musik sollte in ihrer Richtung und Lautstärke auf die jeweilige Zielgruppe und das Image des Geschäfts abgestimmt sein. Ein „In-Store" für eine sehr junge Zielgruppe wird daher eine andere Musikrichtung und Lautstärke wählen als ein Lebensmittelgeschäft.
- Raumbeduftung: Menschen assoziieren mit Gerüchen Emotionen. Diese Tatsache wird im Handel genutzt, um die Verkaufsatmosphäre positiv zu beeinflussen. Abhängig vom Sortiment werden gezielt Duftnoten zur Kaufstimulation eingesetzt.
- Muster und Proben: Wann immer es möglich ist, sollten Kunden Waren ausprobieren können, da das die Kaufentscheidung signifikant fördert. So sind z.B. Muster, Tester oder Verkostungen möglich.

Orientierungshilfen unterstützen Kunden

Ziel der Verkaufsraumgestaltung ist eine lange
Verweildauer des Kunden im Geschäft.

Kommt diese aber durch Orientierungslosigkeit zustande, ist der Kunde verärgert und wird dieses Geschäft nicht wieder aufsuchen. Kunden, die bei ihrer Orientierung unterstützt werden, nehmen das Sortiment besser wahr und erinnern sich später auch stärker daran. Außerdem kommen sie schneller zur Kaufentscheidung und haben dann Zeit, noch weitere Teile des Sortiments zu betrachten. Im Ergebnis ist der Kunde zufriedener und bringt mehr Umsatz. Orientierungshilfen sind z.B.:

- Die klare Gliederung des Verkaufsraumes mit Haupt- und Nebengängen sowie deutlich voneinander getrennte Warengruppen und Abteilungen
- Kundenleitsysteme wie z.B. Schilder, Deckenhänger, Markierungen auf dem Fußboden durch Folien oder Projektoren u. v. m.
- Orientierungspunkte wie z.B. Info-Tresen, Spielecke, Kasse
- Niedrige Warenträger zum besseren Überblicken des Verkaufsraumes
- Die Anordnung der Produkte entsprechend der Suchlogik des Kunden, d.h. passend zu der branchenspezifischen Reihenfolge, in der Kunden Waren einkaufen
- Lautsprecherdurchsagen und Hinweise aller Art auf Sonderangebote oder Aktionen

Kunden erstellen sich einen inneren Lageplan vom Geschäft ihres Vertrauens und ärgern sich über häufiges Umräumen. Für den Händler stellt dies einen Zielkonflikt dar, denn er hat ein Interesse daran, den Verkaufsraum immer wieder neu zu gestalten. So bleibt dieser für den Kunden interessant und auch weniger beachtete Sortimentsteile werden vom Kunden gesehen.

Der Kundenlauf bestimmt die Ladeneinrichtung

Mit Hilfe von Kundenlaufstudien wurde das Verhalten von Kunden im Verkaufsraum beobachtet. Dabei wurden bei mehr als 95 % der Kunden übereinstimmende typische Blick- und Verhaltensmuster festgestellt. Kundenlaufstudien liefern Informationen zum Lauf des Kunden durch das Geschäft, zur durchschnittlichen Verweildauer, zum Aufsuchen einzelner Warengruppen, zur Einkaufsmenge und zum Einkaufsinhalt sowie zu Reaktionen auf Angebote und Aktionen. Die folgenden Erkenntnisse daraus sind entscheidend für die kunden- und erfolgsorientierte Einrichtung von Verkaufsräumen:

- Linkslaufrichtung (entgegen dem Uhrzeigersinn)
- Blick und Griff gehen nach rechts
- Stärkere Frequentierung der Randbereiche des Ladens
- Geringeres Aufsuchen der Ladenmitte

- Bewegungsrhythmus: schnell (Eingangsbereich) – langsam (Warenträgerbereich) – schnell (Richtung Kasse)
- Vermeiden von Kehrtwendungen und Ladenecken
- Mehr Spontankäufe in Bereichen, in denen Kunden warten müssen (Auflaufzonen, an Theken, an der Kasse)
- Je weiter die einzelnen Etagen des Geschäfts vom Erdgeschoss entfernt liegen, desto seltener werden diese aufgesucht

Für die Verkaufsraumgestaltung ergibt sich dadurch u.a.:

- Einzelhandelsinteressante Produkte, d.h. Waren, die für den Handel gut kalkuliert sind oder die er in hoher Stückzahl schnell abverkaufen möchte, werden in Randregalen auf der rechten Seite des Ganges und in Bereichen, in denen sich der Kunde länger aufhält, angeordnet.
- Kundeninteressante Artikel wie z.B. Suchprodukte oder Aktionsware befinden sich links vom Gang, in den Mittelregalen und in Bereichen, die der Kunde nicht automatisch aufsucht.
- In Auflaufzonen werden Impuls- und Zusatzprodukte platziert.
- Im Eingangs- und Vorkassenbereich wird das Lauftempo der Kunden durch so genannte Stopper gebremst. Das sind kleinere Warenträger wie z.B. Körbe oder Displays (Aufsteller), die mit kundeninteressanten Produkten wie z.B. Sonderangeboten bestückt werden. Sie sollen die Aufmerksamkeit des Kunden auf sich ziehen.
- Warenträger werden so angeordnet, dass der Kunde durch das gesamte Geschäft geleitet wird und mit einem möglichst großen Teil des Sortiments in Kontakt kommt.

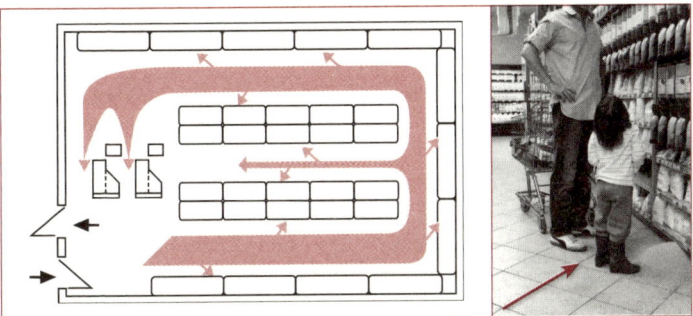

Abb. 5.1: Üblicher Kundenstrom und übliches Kundenverhalten

Einkaufserlebnisse erhöhen die Flächenrentabilität

Kunden fordern über den Beschaffungskauf hinaus Einkaufserlebnisse. Der Handel folgt diesem Trend, indem er z.B. Sonderflächen als Erlebnisinseln gestaltet (siehe auch Kapitel 1.2.1). Kunden verweilen länger in diesen Bereichen, probieren Produkte aus und lassen sich zum Kauf anregen. Eine erlebnisbetonte Ladengestaltung erhöht die Besuchshäufigkeit und die Ladentreue des Kunden sowie den Bekanntheitsgrad und die Individualität des Geschäfts. Dem Lebensmitteleinzelhandel bietet sie eine wirkliche Alternative zum ruinösen Preiswettbewerb, um sich von der Konkurrenz und den Discountern abzuheben.

> *Sonderflächen bewirken, dass Kunden mehrfach mit den gleichen Produkten in Kontakt kommen – im Regal und auf der Sonderfläche. Das erhöht die Kaufwahrscheinlichkeit.*

5.2.2   Verkaufszonen

Betrachtet man die Verkaufsfläche eines Einzelhandelsgeschäfts, erkennt man verschiedene Verkaufszonen:

Eingangszone	*Verkaufsfläche im Eingangsbereich*
Bremszone	*Zone im Eingangsbereich und auf dem Weg zur Kasse, in der das Lauftempo des Kunden durch interessante Produkte o.Ä. verlangsamt wird*
Bedienzone	*Bereiche, in denen die angebotenen Waren für den Kunden nicht frei zugänglich sind (Theken)*
Auflaufzone	*Zonen vor Theken, Beförderungseinrichtungen oder an Kassen, in denen Kunden warten müssen*
Beratungszone	*Bereiche am Rande des Kundenlaufs, in denen Waren angeboten werden, für die Kunden eine Erklärung oder Beratung benötigen*
Kassenzone	*Verkaufsfläche im Kassenbereich*
Erlebniszone	*Sonderverkaufsfläche, auf der Angebote im Rahmen einer besonderen Aktivität in ihrem Verwendungszusammenhang angeboten werden*
Ruhezone	*Bereich, in dem Kunden verweilen können, um sich zu erholen oder zu kommunizieren, z.B. Cafés*

Aus dem jeweiligen Kundenverhalten ergibt sich für die Verkaufszonen eine bestimmte Verkaufsattraktivität und wirtschaftliche Wertigkeit. Man unterscheidet:

Verkaufsstarke Zonen	Verkaufsschwache Zonen
• *Werden häufig von Kunden aufgesucht* • *Haben eine hohe Umschlaggeschwindigkeit* • *Erzielen einen hohen Umsatz* • *Werden mit einzelhandelsinteressanten Produkten bestückt*	• *Haben eine niedrige Kundenfrequenz* • *Dort platzierte Waren verkaufen sich langsamer ab* • *Erzielen einen geringeren Umsatz* • *Müssen durch kundeninteressante Produkte aufgewertet werden*
↓	↓
• *Außenwände* • *Alle rechten Seiten* • *Hauptwege* • *Auflaufflächen, auf die der Kundenstrom gelenkt wird* • *Gangkreuzungen* • *Kassenbereich* • *Bedienzonen* • *Zonen um Beförderungseinrichtungen (Aufzüge, Treppen)* • *Sonderflächen*	• *Alle linken Seiten* • *Schmale Nebengänge* • *Ecken des Verkaufsraumes* • *Sackgassen* • *Räume hinter den Kassen* • *Höhere und tiefere Etagen* • *Mittelraum* • *Durchlaufzonen*

Welche besonderen Sortimentsteile sich für die Platzierung in verkaufsstarken und verkaufsschwachen Zonen eignen, wird in Kapitel 5.3 aufgezeigt.

5.2.3 Anordnung der Warenträger

Ein Hauptanliegen der Verkaufsraumgestaltung ist die optimale Anordnung der Warenträger im Verkaufsraum, um das Geschäft zu strukturieren und den Kundenstrom zu lenken. Beispiele für Warenträger sind: Regale, Tische, Vitrinen, Theken, Gondeln, Schütten, Körbe oder Truhen. Es gibt sie aus diversen tragfähigen Materialien wie z.B. Holz, Metall, Glas, Kunststoff oder Karton.

Die Anordnung richtet sich nach der Geschäftsgröße, dem Sortiment und der Zielsetzung des Unternehmens. Meist wird eine Kombination unterschiedlicher Anordnungsprinzipien umgesetzt. Die im Einzelhandel am häufigsten anzutreffenden Anordnungen sind:

Längsanordnung

Die Warenträger stehen – wie aus der Skizze ersichtlich – längs zum Kundenlauf. Die Folge ist ein Tunneleffekt: Der Kunde sieht nur die Produkte an den Längsseiten und durchläuft schnell den Hauptweg. Es müssen Anreize geschaffen werden, um den Kunden in die Gänge zu locken.

Queranordnung

Die Warenträger stehen quer zum Kundenlauf. Dabei werden nur die Stirnseiten der Warenträger auf Anhieb gesehen. Diese so genannten Gondelköpfe werden mit einzelhandelsinteressanten Produkten bestückt. Auch hier gilt es Anreize zu schaffen, um die Kunden in die Gänge zu locken.

45°-Anordnung

Der Kunde sieht vom Hauptweg aus sowohl die Gondelköpfe als auch in die Regale hinein. Er sieht so einen großen Teil des Sortiments. Dadurch wird er eher veranlasst, den Hauptweg zu verlassen.

Arenaprinzip

Diese Anordnung ist vorwiegend im Textilbereich zu finden. Dabei werden Warenträger, vom Hauptweg aus gesehen, in aufsteigender Höhe angeordnet, sodass der Kunde, wenn er davor steht, einen guten Überblick über das angebotene Sortiment hat. Die erste und niedrigste Ebene sind Tische oder Podeste. Als zweite Ebene sind hinter den Tischen Ständer platziert, die ein Stück höher sind als die Tische. Die dritte Ebene hinter den Ständern bildet die Rückwand des Ladens. Hier sind in Höhe der zweiten Ebene Stangen und darüber als dritte Ebene wiederum Stangen bzw. Produktfotos, Bilder oder Spiegel angebracht.

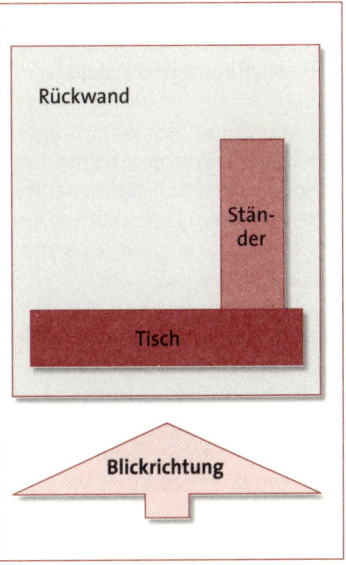

5.2.4 Besonderheiten der Verkaufsraumgestaltung in Abhängigkeit von der Verkaufsform

Auch die Verkaufsform, d.h. die Art und Weise wie der Kunde an die Ware kommt, ob er beraten und bedient wird oder sich die Ware selbst nimmt, hat Einfluss auf die Verkaufsraumgestaltung.

Verkaufsraumgestaltung bei Beratung und Bedienung

Im Bedienungsgeschäft müssen die Anordnung der Warenträger und die Aufteilung der Flächen sowohl den Bedürfnissen des Kunden als auch denen des Verkäufers entsprechen. So sollten die Waren besonders für den Verkäufer leicht zugänglich und erreichbar sein und zwar in der Reihenfolge, in der er normalerweise sein Verkaufsgespräch aufbaut. Deshalb liegen zum Beispiel bei einem Juwelier die gängigen Kettenlängen und Muster immer in greifbarer Nähe, wogegen selten gefragte Modelle aus weiter unten liegenden Schubladen oder anderen Vitrinen geholt werden.

Grundsätzlich benötigt der Beratungsverkauf ausreichend Platz, sodass bequem an der Ware beraten werden kann. Zusätzliche Abstellmöglichkeiten erleichtern die Vorführung der Produkte.

Die Anordnung der Warenträger darf weder Enge verursachen noch den Eindruck von Leere beim Kunden erwecken. Die Verkaufsatmosphäre sollte Individualität ausstrahlen und zum Verweilen einladen. In Selbstbedienungsgeschäften liegen Beratungszonen immer abseits des Kundenstroms, um Ruhe und ausreichend Platz für die Beratung zu gewährleisten.

Verkaufsraumgestaltung bei Selbstbedienung

Da der Kunde bei der Selbstbedienung weitgehend auf sich allein gestellt ist, muss der Verkaufsraum so gestaltet sein, dass der Kunde möglichst durch den gesamten Laden gelenkt wird und so auch die für ihn unattraktiveren Bereiche beachtet. Er soll dabei möglichst viele Produktkontakte haben und alle Sortimentsteile leicht erreichen können.

Von Vorteil ist ein fortschreitender Kundenweg vom Eingang bis zur Kasse, unterstützt durch Orientierungshilfen und die Anordnung der Warengruppen entsprechend der Suchlogik des Kunden.

Im Lebensmitteleinzelhandel orientiert sich die Suchlogik an den Abläufen im Haushalt und an der Mahlzeitenzubereitung. Entsprechend sind die Waren in der Reihenfolge vom Kochen zur Wohnungsreinigung und von der Küche zum Bad angeordnet bzw. beginnend bei den Zutaten für das Frühstück, über die Frischwaren, zu den jeweiligen Beilagen.

Verkaufsraumgestaltung bei Vorwahl

Auch bei der Vorwahl orientiert sich der Kunde zunächst selbst, bis er sich bei Bedarf an das Verkaufspersonal wendet. Die Verkaufsraumgestaltung muss für ihn deshalb grundsätzlich die gleichen Anforderungen erfüllen wie die der Selbstbedienung. Zusätzlich sollte die Anordnung der Waren auf den Warenträgern einen guten Überblick über das Sortiment geben und die Vorwahl erleichtern. Der Verkaufsraum muss für das Personal gut übersehbar sein, damit beobachtet werden kann, ob Kunden Unterstützung brauchen. Für Beratung und Bedienung benötigt das Verkaufspersonal wie im Bedienungsgeschäft Platz und Ablageflächen.

5.3 Warenplatzierung und Warenpräsentation

Die Platzierung und Präsentation von Waren hängt eng mit der Verkaufsraumgestaltung zusammen. Im Rahmen des Visual Merchandising werden sie als Einheit betrachtet. Da die Begriffe Warenplatzierung und Warenpräsentation häufig synonym verwendet werden, wird im Folgenden unter Warenplatzierung erläutert, wo im Verkaufsraum und wo im Warenträger man das Sortiment möglichst verkaufswirksam und kundenorientiert anordnet. Die Warenpräsentation behandelt die Fragestellung, wie Waren ansprechend dargeboten werden können, um damit den Kontakt zwischen Kunde und Ware optimal herzustellen.

Einzelhändler müssen bei der Erstellung eines verkaufsfördernden Konzepts für die Platzierung ihres Sortiments diverse interne und externe Einflussfaktoren berücksichtigen:

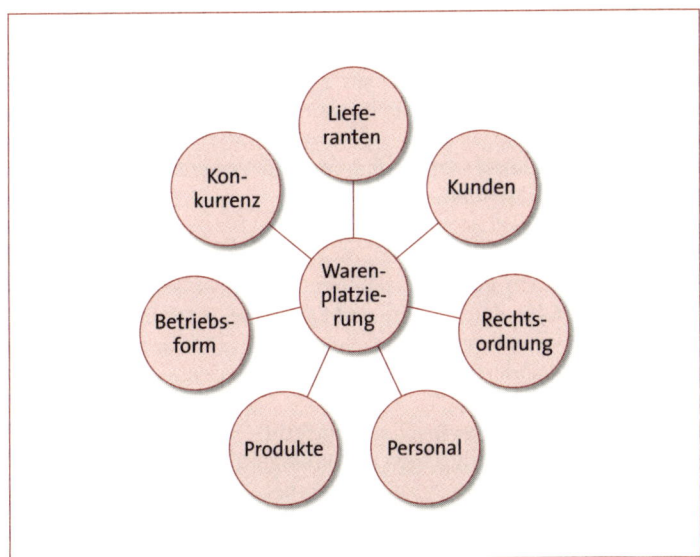

5.3.1   Anforderungen an die Warenplatzierung

Kundenbefragungen zeigen, dass besonders in Vorwahl- und Selbstbedienungsgeschäften eine kundenorientierte Warenplatzierung und Warenpräsentation den im Folgenden aufgeführten vier grundsätzlichen Anforderungen genügen muss.

Kurze Suchzeiten

Kunden wünschen sich ein schnelles, effizientes Einkaufen und möchten die Produkte nicht lange suchen müssen.

> *Die Warenplatzierung sollte also der Suchlogik und dem Suchverhalten des Kunden im Geschäft und am Regal folgen und dabei eine gewisse Kontinuität aufweisen.*

Der Suchaufwand wird zusätzlich verringert, indem häufig gemeinsam gekaufte Produkte nahe beieinander platziert werden (Verbundplatzierung).

Unterstützung bei Entscheidungsprozessen

Vor dem Kauf vergleichen Kunden Alternativangebote bezüglich ihrer kaufentscheidenden Eigenschaften (Preis, Größe, Qualität). Dies wird erleichtert, wenn die Waren so platziert und präsentiert werden, dass der Entscheidungsprozess schnell ablaufen kann.

> *Je austauschbarer Artikel sind, desto näher werden sie beieinander präsentiert.*

Kaufanregung

Entsprechend dem geschilderten Trend zu Erlebniseinkäufen, wünschen sich Kunden Kaufimpulse und Erlebnisse. Diese bekommen sie, wenn Angebote in ihrem Verwendungszusammenhang gezeigt und zusammen mit anderen Produkten platziert werden.

Angenehmes optisches Erscheinungsbild

Ordnung und Sauberkeit tragen zum Wohlgefühl des Kunden sowie zu einer angenehmen Verkaufsatmosphäre bei. Eine ansprechende Dekoration gibt darüber hinaus Kaufimpulse.

Für Kunden sind die beiden erstgenannten Forderungen nach Entlastung im Kaufprozess wichtiger als die Ansprüche an Anregung und Optik. Das Unternehmen sieht sich hier wieder im Konflikt, dem Kunden einerseits einen schnellen, effizienten Einkauf zu ermöglichen und damit eine hohe Kundenzufriedenheit zu erreichen, aber andererseits durch eine lange Verweildauer und zusätzliche Kaufimpulse Umsatz und Gewinn zu maximieren. In der Praxis wird deshalb meist eine Mischform eingesetzt, die Kundenansprüche erfüllt und dennoch der Realisierung von Ertragszielen dient.

5.3.2 Kriterien für die Warenplatzierung

Für eine sowohl kundenorientierte als auch Gewinn bringende Platzierungsstruktur kann die Anordnung des Sortiments nach verschiedenen Gesichtspunkten erfolgen. Die wichtigsten sind:

Platzierung nach Warengruppen

Artikel und Warenarten werden zu Warengruppen zusammengefasst angeordnet. Der Kunde erhält so eine gute Übersicht über das Angebot in dieser Warengruppe und dem Händler wird die Warenpflege erleichtert. Zusätzliche Kaufimpulse hinsichtlich anderer Warengruppen entstehen nicht.

Platzierung nach dem Verwendungszusammenhang

Platziert man Produkte, die gemeinsam verwendet werden oder sich ergänzen, zusammen, spricht man von Verbundplatzierung. Beispielsweise werden zum Spargel auch gleich die Sauce Hollandaise und der Spargelschäler angeboten. Oder: Passende Accessoires wie Gürtel, Tücher oder Ketten werden zusammen mit der aktuellen Kollektion dargeboten. Hierzu zählt auch die Platzierung nach Bedarfsgruppen („Alles für das Kind").

> *Die Verbundplatzierung bietet dem Kunden eine Kaufanregung und reduziert die Suchzeiten für seinen Einkauf.*

Der Handel profitiert von Impulskäufen, muss sich aber bei dieser Art der Platzierung gut mit den Verwendungsgewohnheiten der Kunden auskennen und einen erhöhten Aufwand bei der Regalbestückung in Kauf nehmen.

Platzierung nach Kaufanregung

In der Praxis erfolgt häufig eine gemischte Platzierung zur gezielten Kaufanregung des Kunden. Dabei werden Produkte sowohl an ihrem Stammplatz als auch zusätzlich an anderen Orten im Verkaufsraum platziert. Man spricht von Zweit-, Mehrfach- und Sonderplatzierungen. Kunden sollen dabei möglichst häufige Produktkontakte haben und immer wieder Kaufimpulse bekommen. Dies kann z.B. durch Sonderflächen oder Displays geschehen. Sinnvoll ist auch eine Platzierung dort, wo die Produkte ihre Verwendung finden. Beispielsweise sind Batterien zusätzlich zum Batterieregal auch bei Elektrospielzeug zu finden, wenn sie dafür benötigt werden.

Auch die Erlebnisplatzierung dient der Kaufanregung. Produkte, die in einem Erlebnis- oder Themenzusammenhang stehen, werden dabei erlebnisorientiert zusammen angeordnet.

Beispiel

Bademoden, Sonnencreme, Handtücher, Koffer usw. werden unter dem Motto „Alles für den Urlaub im Süden" zusammen angeordnet. Zur Erlebniswelt gehören außerdem eine Stranddekoration und ein Reisegewinnspiel.

Platzierung nach Warenwert

Die Art der Platzierung unterstreicht den Wert einer Ware.

Hochpreisige Waren erhalten deshalb eine Exklusivplatzierung. Sie werden einzeln und in einem ansprechenden Umfeld angeordnet, um ihnen eine gewisse Wertigkeitsanmutung zu geben. Waren, deren niedriger Preis kaufentscheidend ist, werden dagegen in großen Mengen platziert.

Es gibt Massenplatzierungen wie z.B. auf Wühltischen oder Stapelplatzierungen, bei denen über große geordnete Mengen der Eindruck eines Sonderangebots entstehen soll. Es hat sich als praktikabel erwiesen, Abteilungen mit preisorientierten Platzierungen in das Untergeschoss und solche mit wertorientierten Platzierungen in obere Stockwerke zu legen.

5.3.3 Platzierung ausgewählter Sortimentsteile im Verkaufsraum

Wie für die Verkaufszonen ergeben sich auch für Sortimentsteile bestimmte Verkaufswirksamkeiten. Deshalb eignen sie sich besonders für die Platzierung in bestimmten Verkaufszonen (siehe Tabelle). Grundsätzlich gilt:

- Einzelhandelsinteressante Produkte mit einer hohen Gewinnspanne bekommen die besten Plätze.
- Kundeninteressante Produkte können in verkaufsschwachen Zonen platziert werden. Sie werten diese auf.
- Hinter den Kassen werden keine Produkte mehr platziert.
- Die Platzierung der Waren orientiert sich an der Suchlogik des Kunden.

Sortimentsteile	Verkaufszonen					
	Eingangszone	Beratungszone	Bedienzone	Verkaufsstarke Zone	Verkaufsschwache Zone	Kassenzone
Erklärungsbedürftige Produkte		X	X			
Diebstahlgefährdete Produkte			X			X
Suchkaufprodukte					X	
Impulskaufprodukte	X			X		X
Sonderangebote	X				X	X
Magnetangebote	X				X	
empfindliche Produkte		X	X			
Neuheiten	X	(X)*		(X)*	(X)*	X
Geringwertige Produkte					X	X
Produkte mit hoher Dringlichkeit des Bedarfs					X	

Darstellung in Anlehnung an Voth et al., Troisdorf 2005

*) Die Zuordnung ist abhängig davon, ob die Neuheit kunden- oder einzelhandelsinteressant ist, erklärungsbedürftig oder nicht.

5.3.4 Platzierung von Produkten im Regal

Das Regal ist unabhängig von der Branche einer der am häufigsten genutzten Warenträger. Studien zeigen, dass es auch im Regal Bereiche unterschiedlicher Verkaufsattraktivität gibt. Die Auswirkung auf den Abverkauf der Produkte ist groß. Dies muss bei der Platzierung der Waren berücksichtigt werden.

Grundsätzlich können Produkte in Regalen horizontal oder vertikal angeordnet werden:

Haarshampoos
Haarspülungen
Haarkuren
Haarsprays

horizontale Anordnung

Haarshampoos	Haarspülungen	Haarkuren	Haarsprays

vertikale Anordnung

Die horizontale Anordnung lenkt den Blick in Augenhöhe des Kunden am Regal entlang, verhindert aber eine gleichmäßige Verteilung des Blickes über die Regalfläche. Bei langen Regalen müsste der Kunde umkehren und das Regal erneut ablaufen, wenn er sich für mehrere Warengruppen interessiert. Das wird er nicht tun. Deshalb dominiert in der Praxis die vertikale Anordnung. Sie stoppt den Lauf des Kunden und ermöglicht es ihm, gleichzeitig mehrere Warenblöcke zu erfassen. Die Blockbreite liegt standardmäßig bei 1,20 m, was in etwa dem Blickausschnitt eines Menschen entspricht. Voraussetzung für die Wahrnehmung vertikaler Blöcke ist deren optische Abtrennung voneinander durch Lücken oder Mittel der Warenpräsentation (Regalbänder, Regalstopper o. Ä.).

> *Kunden empfinden das Sortiment bei vertikaler Platzierung umfangreicher als bei horizontaler Platzierung.*

Werden andere Arten von Warenträgern verwendet, wie z. B. Tische und Ständer, unterscheidet man statt der Dimensionen vertikal und horizontal die Ebenen liegend und hängend.

Kunden, die vor einem Regal stehen, orientieren sich senkrecht bezüglich der Auswahl und vergleichen waagerecht die Alternativen. Dabei werden zunächst Angebote in Augenhöhe betrachtet, bevor der Blick nach unten wandert. In der Horizontalen streift der Blick von der Mitte des Regals zunächst nach rechts – linke Seiten werden vernachlässigt. Daraus ergeben sich auch für das Regal verkaufsstarke und verkaufsschwache Zonen, die für die Platzierung von Produkten ausschlaggebend sind. Man spricht von der vertikalen und horizontalen Regalwertigkeit.

Vertikale Regalwertigkeit
Regale lassen sich in der Senkrechten in vier Zonen unterteilen. Die verkaufsstärkste ist die Sichtzone (1.), die in Augenhöhe des Kunden liegt. Die zweitstärkste ist die Greifzone (2.). Es folgen die Reckzone (3.) und die Bückzone (4.), die am verkaufsschwächsten ist, da Kunden sich eher recken als bücken.

Horizontale Regalwertigkeit
Entsprechend dem Sehverhalten des Kunden ist die Regalmitte am verkaufsstärksten, gefolgt von der rechten Seite. Einzelhandelsinteressante Produkte werden deshalb in der Mitte des Regals oder rechts angeordnet. Die linke Seite ist verkaufsschwach und muss entsprechend mit kundeninteressanten Produkten aufgewertet werden. Die Darstellung der verkaufsstarken Zone im Regal ergibt die Form einer liegenden bauchigen Flasche (rot schraffierte Fläche in der folgenden Skizze).
Diese Skizze eines Regals zeigt die oben beschriebenen Zusammenhänge und die empfohlene vertikale Platzierung der Produkte:

Über 160 cm	3. Reckzone	Signalware, großvolumige Produkte
120–160 cm	1. Sichtzone	Premiumartikel, Profil- und Impulsartikel
80–120 cm	2. Greifzone	Produkte des mittleren Preissegments, Profil- und Suchartikel
0–80 cm	4. Bückzone	Produkte des unteren Preissegments, Aktionsware, Suchartikel

Die horizontale Wertigkeit gilt auch für Theken. Allerdings kann auch der linke Außenbereich verkaufsstark sein, wenn Kunden von dort anstehen und das Sortiment beim Warten betrachten. Schwächere Thekenbereiche werden mit Waren des täglichen Bedarfs (Suchprodukte) bestückt.

5.3.5 Blockbildung

Um das Produktangebot in Regalen zu strukturieren und dem Kunden eine gute Übersicht zu bieten, platziert der Einzelhandel seine Waren in vertikalen Blöcken mit unterschiedlicher Sortierung:

Hersteller- oder Markenblock

Im Hersteller- oder Markenblock werden alle Produkte eines Herstellers bzw. einer Marke als Block platziert, z.B. alle Produkte der Firma Henkel oder der Marke Nivea. Markenkäufer finden so schneller die gewünschten Artikel und der Händler zeigt Markenkompetenz. Diese Blockbildung erschwert dem Kunden jedoch die Übersicht in der Warengruppe und das Vergleichen von Angeboten, da sich Alternativprodukte in verschiedenen Blöcken befinden.

Produktblock

Werden gleichartige Artikel verschiedener Hersteller in einem Block zusammengefasst, spricht man von Produktblöcken. Diese können je nach Verwendungszweck, Preislage, Farbe o. Ä. gebildet werden, beispielsweise wenn Shampoo für coloriertes Haar von verschiedenen Herstellern in einem Produktblock steht. Für den Kunden ergibt sich dadurch eine gute Vergleichbarkeit von Alternativangeboten. Auch Handelsmarken sind leicht integrierbar.

Kreuzblock

In der Praxis versucht man, die beiden oben genannten Blöcke mit ihren Vorteilen möglichst in einem Kreuzblock zu kombinieren. Dabei werden in der Senkrechten Hersteller- bzw. Markenblöcke gebildet, damit sich der Kunde am Angebot eines Herstellers / einer Marke orientieren kann. Waagerecht sind die Produktblöcke angeordnet, was eine gute Vergleichbarkeit ähnlicher Produkte unterschiedlicher Hersteller/Marken ermöglicht.

Die folgende Skizze zeigt den Kreuzblock eines Regals für Duschprodukte:

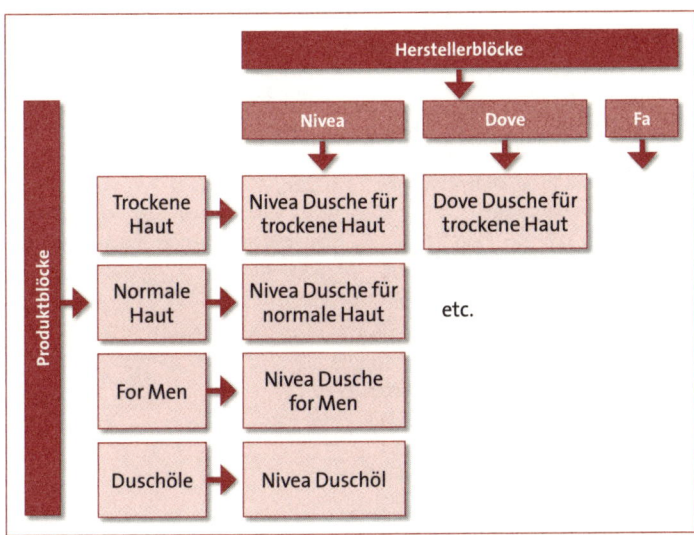

Besonders in Selbstbedienungsgeschäften ist die Einhaltung der Platzierungsregeln sehr wichtig, da die Warenplatzierung Teile der Aufgaben des Verkäufers übernimmt und ihn entlastet. In großen Einzelhandelsgeschäften wird die Regaloptimierung i.d.R. computergestützt durchgeführt. Manuell wäre das wegen der enormen Menge von Artikeln, die zudem häufig wechseln, und wegen der vielschichtigen Zielvorgaben des Unternehmens kaum möglich.

5.3.6 Verkaufsfördernde Warenpräsentation

An die Präsentation der Waren stellen Kunden die gleichen Anforderungen wie an die Platzierung. Aus Handelssicht soll sie den Bedarf an der dargebotenen Ware wecken, Kaufimpulse auslösen und bewirken, dass der Kunde sich an das Warenangebot erinnert. Der Kreativität sind dabei kaum Grenzen gesetzt. Dennoch sollten folgende Grundsätze beachtet werden:

Ordnungsregeln	Gesetzliche Vorschriften
• Warenträger und darauf angeordnete Ware sind sauber und ordentlich. • Die Ware ist übersichtlich angeordnet. • Die Warenträger sind gut gefüllt, weisen aber Grifflücken auf, die zeigen, dass auch andere Kunden dieses Produkt kaufen. • Die Schauseite des Produkts (Facing) ist nach vorne gerichtet. • Die Präsentation erfolgt frontal zum Kunden. • Kleinere Produkte stehen in Laufrichtung gesehen vor größeren. • Innerhalb eines Warenträgers darf es keine Mehrfachplatzierungen geben, da das den Kunden verwirrt. • Eine zusammenhängende Präsentation nach Farben oder Größen sorgt für ein ruhiges Regalbild und für Struktur. • Die erkennbare Gliederung nach Blöcken erleichtert dem Kunden die Orientierung.	• Die Preisangabenverordnung regelt die preisliche Kennzeichnung sichtbar angebotener Waren. • Im Lebensmittelrecht sind Vorschriften zur Hygiene und Handhabung von Waren festgelegt. • Der Jugendschutz beschränkt die Präsentation und den Verkauf jugendgefährdender Artikel wie z.B. Zigaretten.

Auch Hersteller haben ein Interesse daran, dass ihre Waren verkaufsfördernd präsentiert werden. Deshalb unterstützen sie den Handel, indem sie selbst gestaltete Präsentationsmittel kostenlos zur Verfügung stellen. Es gibt eine Fülle von Möglichkeiten, die Eigenschaften des Angebotes mit einer ansprechenden Präsentation herauszustellen und diese dem Kunden nahe zu bringen. Sie reichen vom Material des Warenträgers über den verkaufsfördernden Aufbau der Produkte, über jegliche Art der Dekoration bis hin zur Entwicklung ganzer Erlebniswelten. Sehr deutlich wurde dies bei der Fußball-Weltmeisterschaft 2006 in Deutschland. In sehr vielen Geschäften gab es unabhängig von der Branche Dekorationen, Sonderflächen und spezielle Aktionen zu diesem Thema. Es wurden Bälle, Wimpel, Plakate und Trikots dekoriert, Kunstrasen ausgelegt, Torwände aufgebaut, durch Schaufensterfiguren und Lautsprecher Stadion-Atmosphäre geschaffen u. v. m.

Einige Standorte im Verkaufsraum erfordern eine auf das Kaufverhalten abgestimmte Präsentation des Angebots. So muss diese im Kassenbereich, in dem häufig Impulskäufe getätigt werden, sehr übersichtlich und zurückhaltend sein, damit der Kunde eine schnelle gezielte Kaufentscheidung treffen kann. Im Eingangsbereich ist eine aufmerksamkeitsstarke Präsentation notwendig, da die Waren sonst durch das schnelle Lauftempo des Kunden in dieser Zone übersehen werden.

> *Die überlegte Warenpräsentation dient vorrangig dazu, den Kunden emotional anzusprechen. Zusätzlich soll sie aber auch über die Ware informieren und die rationalen Kaufmotive des Kunden bedienen.*

Für die informative Präsentation werden z.B. Geräte in Betrieb gezeigt, die Zusammensetzung von Waren anschaulich dargestellt oder Informationen zum Energieverbrauch gegeben. Im Selbstbedienungsgeschäft übernimmt sie mehr und mehr die klassische Beratungsfunktion des Verkaufspersonals.

Die geschickte Warenpräsentation wird neben der optimalen Warenplatzierung auch für die Aufwertung verkaufsschwacher Bereiche im Regal genutzt. Möglichkeiten hierfür sind:

- Das Aussparen der Reckzone durch niedrigere Regale
- Das Anbringen von Spiegeln oder Produktfotos in der Reckzone
- Der Ersatz von Regalböden durch hervorgezogene Schütten (Körbe) in der Bückzone, sodass eine Draufsicht möglich ist
- Die Betonung der Bück- und Reckzone sowie der linken Regalseite durch Akzentbeleuchtung, Schilder, Regalstopper, ansprechende Dekoration o. Ä.

> *Die Art, wie ein Unternehmen seine Waren präsentiert, prägt sein Image.*

Die Unternehmen nutzen dies gezielt als weiteres Mittel zur Abgrenzung gegenüber ihren Mitwettbewerbern.

Aufgaben zur Selbstkontrolle

Nr.	Frage	Antwort
1.	1. Ergänzen Sie nachfolgende Aussagen anhand der Erkenntnisse aus den Kundenlaufstudien: a) Im Eingangsbereich muss das Lauftempo der Kunden _____ werden. b) Dies geschieht z.B. durch _____ , auf denen _____ Produkte platziert werden. c) Im Verkaufsraum bewegen sich die Kunden _____ - ihr Blick und Griff gehen nach _____ . d) Kunden frequentieren stärker die _____ und meiden die _____ . e) Ladenecken und Sackgassen sind _____ Zonen, die auf- oder abgewertet (?) werden müssen. Dies geschieht durch _____ Produkte. f) Theken und Auflaufzonen sind _____ Zonen, in denen _____ platziert werden.	
2.	Was sind kunden- und einzelhandels- interessante Produkte?	
3.	Platzieren Sie bitte folgende Produkte in den richtigen Verkaufszonen eines Selbstbedienungsgeschäfts: a) Kosmetik b) hochwertiger Schmuck c) Schokoriegel d) Wein zum Aktionspreis e) eine gut kalkulierte neuartige Küchenmaschine f) Milch g) hochwertige, empfindliche Schreib- geräte	

Aufgaben zur Selbstkontrolle	4.	Welche unterschiedlichen Verkaufswirk-samkeiten im Regal gibt es? Wodurch entstehen sie?	
	5.	Platzieren Sie bitte folgende Produkte in den richtigen Regalzonen: a) Artikel, deren Absatz Sie fördern wollen b) Magnetartikel c) Cent-Artikel d) gut kalkulierte Impulsartikel e) gut kalkulierte Suchartikel f) Sonderangebote	
	6.	Um welche Art von Platzierung handelt es sich? a) Nudeln werden zusammen mit der Sauce und den passenden Kräutern platziert. b) Schulhefte sind im Regal und auf der Aktionsfläche zum Thema „Schulbeginn" platziert. c) Pinsel sind beim Malerzubehör und bei Farben platziert.	
	7.	Was ist ein Produktblock? Welche Möglichkeiten der Warenprä-sentation haben Sie, um ihn verkaufs-fördernd hervorzuheben?	

6   Recht und Kaufvertrag

Im Rahmen des Kaufvertrags verpflichtet sich der Verkäufer, dem Käufer die Sache zu übergeben und ihm Eigentum an der Sache zu verschaffen. Der Käufer verpflichtet sich die Sache abzunehmen und den Kaufpreis zu bezahlen (vgl. § 433 BGB).

Der Kaufvertrag ist das typische Rechtsgeschäft des Kaufmanns und die Vertragsart, die in seinem Tätigkeitsbereich die häufigste ist.

> *Das Gesetz bezeichnet mit dem Begriff Kaufvertrag eine genau definierte rechtliche Situation, nämlich die Übereignung von Sachen gegen ein Entgelt.*

In der täglichen Umgangssprache verstehen wir unter dem Begriff „verkaufen" allerdings weit mehr, nämlich neben der Übereignung von Sachen auch die entgeltliche Erbringung von Dienstleistungen bzw. die Übertragung von Forderungen, wenn beispielsweise der Versicherungsvertreter Versicherungen „verkauft" oder ein Reisebüro vom „Verkauf" einer Reise spricht.

Wir wollen diesem Gedanken Rechnung tragen und bei der Behandlung des Themas Verkauf soweit wie möglich auch auf diese Vertragsgestaltungen eingehen und uns nicht nur an dem strengen rechtlichen Begriff des Gesetzes orientieren.

6.1   Die Einordnung des Kaufvertrags in unser Rechtssystem

Als Bestandteil des Privatrechts, also des Rechtsbereiches der sich mit den Rechtsbeziehungen der Bürger untereinander beschäftigt (im Gegensatz zum öffentlichen Recht, welches die Rechtsbeziehungen zwischen dem Bürger und dem Staat regelt), finden wir die gesetzlichen Vorschriften über den Kaufvertrag in den §§ 433 bis 479 des Bürgerlichen Gesetzbuches (BGB).

Darüber hinaus spielen weitere Regelungen, die nicht speziell zu diesen spezifischen Vorschriften gehören, eine wichtige Rolle. Im Bürgerlichen Gesetzbuch gelten die allgemeinen Regelungen zu den Rechtsgeschäften natürlich auch für den Kaufvertrag.

So sind die Regelungen zum Vertrag allgemein (vgl. § 145 ff BGB), zur Nichtigkeit und Anfechtung von Rechtsgeschäften (vgl. z.B. §§ 138, 119, 123 BGB) sowie zum Recht der Allgemeinen Geschäftsbedingungen (§§ 305 bis 310 BGB) für den Kaufvertrag von großer Wichtigkeit.

Eine besondere Erwähnung verdient der Aspekt des Verbraucherrechts. Da der Käufer als Verbraucher (vgl. § 13 BGB) gegenüber dem Unternehmer als dem mächtigeren Vertragspartner oft in einer unterlegenen Position ist, gibt es Regelungen, die den Verbraucher in dieser Situation schützen und seine Rechte stärken. Hier finden wir z.B. die Regelungen zum Widerrufsrecht bei bestimmten Verbraucherverträgen (§§ 355ff. BGB) sowie die Vorschriften zum Verbrauchsgüterkauf (§§ 474 ff. BGB).

Letztlich sei auch auf die besondere Situation der Kaufleute hingewiesen. Als „Profis" gelten für die Kaufleute neben den allgemeinen Vorschriften des Bürgerlichen Gesetzbuches auch die Sonderregelungen des Handelsgesetzbuches (HGB). Das Handelsrecht wird als Sonderrecht der Kaufleute bezeichnet, und in den rechtlichen Regelungen befinden sich natürlich auch zum Thema Kaufvertrag Besonderheiten (z.B. das Rügerecht gem. § 377 HGB), auf die in diesem Abschnitt des Buches einzugehen sein wird.

6.2   Rechtliche Grundlagen zum Kaufvertragsrecht

6.2.1   Der Kaufvertrag als Rechtsgeschäft

Der Kaufvertrag ist im Kontext des Bürgerlichen Gesetzbuches ein Rechtsgeschäft. Wir schließen täglich Rechtsgeschäfte ab, sie sind Bestandteil unseres gesellschaftlichen Lebens: Wenn wir einkaufen gehen, schließen wir Kaufverträge ab, unsere Wohnung haben wir mit einem Mietvertrag gemietet, wir haben Arbeitsverträge, Darlehensverträge, Mietverträge usw. abgeschlossen.

> *Rechtsgeschäfte sind Erklärungen einer oder mehrerer Personen, die darauf abzielen, eine Rechtsfolge herbeizuführen.*

Rechtsgeschäfte müssen vom Willen des Erklärenden getragen sein, es reicht also nicht aus, wenn jemand eine Reflexbewegung macht oder einem anderen lediglich zuwinkt: Um ein verbindliches Rechtsgeschäft abzuschließen, muss man auch wissen, dass man eines eingeht.

> *Willenserklärungen sind vom Willen getragene Äußerungen, die mit der Absicht vorgenommen werden, eine rechtliche Wirkung herbeizuführen. Rechtsgeschäfte kommen durch Willenserklärungen zustande.*

6.2.2   Arten von Rechtsgeschäften

Je nachdem, ob eine oder mehrere Willenserklärungen abgegeben werden, handelt es sich um einseitige oder mehrseitige Rechtsgeschäfte.

Einseitig empfangsbedürftige Rechtsgeschäfte müssen dem Empfänger zugehen, d.h. er muss die Möglichkeit zur Kenntnisnahme erhalten.

Beispiel: Wenn der Arbeitgeber dem Arbeitnehmer kündigt, muss er ihm natürlich auch das Kündigungsschreiben aushändigen, damit der Arbeitnehmer überhaupt von der Kündigung erfährt.

Einseitig nicht empfangsbedürftige Rechtsgeschäfte sind wirksam, wenn die entsprechende Willenserklärung abgegeben ist, ohne dass sie dem Empfänger zugegangen sein muss.

Beispiel: Ein Testament ist z.B. wirksam, sobald es vom Erklärenden verfasst wurde. Der zukünftige Erbe muss nicht über das Testament informiert sein.

Bei den mehrseitigen Rechtsgeschäften unterscheidet man zwischen
- einseitig verpflichtenden und
- mehrseitig verpflichtenden

Rechtsgeschäften.

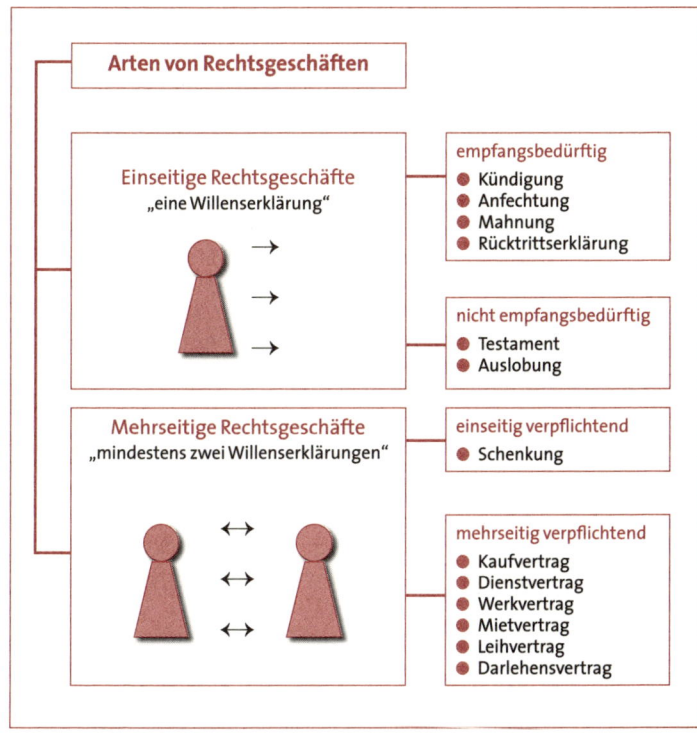

Überblick: Arten von Rechtsgeschäften

6.2.3 Form von Rechtsgeschäften

Rechtsgeschäfte können grundsätzlich formfrei abgeschlossen werden, d.h.:

- mündlich
- schriftlich
- durch schlüssiges Handeln (konkludent)

Beispielsweise wird durch das Einwerfen des Geldes in einen Warenautomaten oder durch das Tanken an der Zapfsäule konkludent ein Kaufvertrag abgeschlossen.

*In einigen Fällen schreibt das Gesetz allerdings eine
bestimmte Form des Rechtsgeschäftes vor. Sollte diese nicht
eingehalten werden, ist das Rechtsgeschäft unwirksam.*

Es besteht also Formzwang. Bestimmte Rechtsgeschäfte unterliegen
deshalb der gesetzlichen Schriftform.

Aber auch bei Rechtsgeschäften, bei denen keine Form vorgeschrieben
ist, können die Beteiligten eine bestimmte Form vereinbaren.

Beispielsweise vereinbaren die Parteien bei einem an sich formfreien
Kaufvertrag über ein Auto die Schriftform, weil sie aus Beweisgründen
den Inhalt ihrer Vereinbarungen lieber aufschreiben wollen.

In diesem Fall spricht man von der gewillkürten (vereinbarten)
Schriftform.

6.2.4 Schriftform

Im BGB sind verschiedene Grade der Schriftform geregelt, die bei bestimmten Rechtsgeschäften (eben gesetzliche Schriftform) eingehalten werden müssen:

Schriftform (§126 BGB)
Die rechtsgeschäftliche Erklärung wird niedergeschrieben (hand-
schriftlich, Computerausdruck) und muss von den Beteiligten eigen-
händig unterzeichnet werden.

Bei einem Vertrag muss die Unterzeichnung der Parteien auf dersel-
ben Seite erfolgen. Werden über den Vertrag mehrere gleich lautende
Urkunden aufgenommen, so genügt es, wenn jede Partei die für die
andere Partei bestimmte Urkunde unterzeichnet (§ 126 Abs. 2 BGB).

Öffentliche Beglaubigung (§ 129 BGB)
Wenn die öffentliche Beglaubigung eines Rechtsgeschäfts vorgeschrieben ist, muss die Erklärung schriftlich abgefasst werden und die Unterschrift der Beteiligten von einem Notar (oder einem berechtigten Be-
amten) beglaubigt werden, der damit die Echtheit der Unterschrift,
allerdings nicht den Inhalt der Erklärung bestätigt.

Notarielle Beurkundung (§ 128 BGB)

Bei der notariellen Beurkundung als der Schriftform mit der höchsten Beweiswirkung wird der gesamte Rechtsvorgang, also auch der Text der Erklärung, vom Notar protokolliert und den Erklärenden vorgelesen. Der Notar vergewissert sich, dass die Erklärenden den Text auch verstanden haben, und bestätigt dies, nachdem die Beteiligten unterschrieben haben, mit seiner Unterschrift auf der Urkunde.

Elektronische Form (§ 126a BGB)

Mit Hilfe der elektronischen Form besteht die Möglichkeit, rechtsgeschäftliche Erklärungen, die den Anforderungen des § 126 BGB (also dem Schriftformerfordernis) genügen, auch für elektronische Dokumente abzugeben. So kann zum Beispiel online durch Versendung der entsprechenden Dateien ein wirksamer Vertrag abgeschlossen werden, der der gesetzlichen Schriftform bedarf. Hierbei werden die entsprechenden Dateien mit einem elektronischen Code versehen, der nur dem Absender bekannt ist (sog. qualifizierte elektronische Signatur, „privater Schlüssel"), und verschlüsselt versandt. Der Empfänger hat die Möglichkeit, mit Hilfe des so genannten „öffentlichen Schlüssels", der von Dienstanbietern (Zertifizierungsstellen) zur Verfügung gestellt wird, online abzugleichen und somit festzustellen, ob die Erklärung mit dem Schlüssel des Absenders signiert und während der Übermittlung nicht verändert wurde.

Textform (§126b BGB)

Die Textform ist ein neuer Formtyp der lesbaren, aber unterschriftslosen Erklärung. Hierbei reicht es aus, wenn eine Erklärung in einer Urkunde oder auf andere zur dauerhaften Wiedergabe in Schriftform geeignete Weise abgegeben wird (z.B. E-Mail, Telefax, SMS, Diskette, CD-Rom), die Person des Erklärenden genannt wird und der Abschluss der Erklärung durch Nachbildung der Namensunterschrift oder auf andere Weise erkennbar gemacht werden. Im BGB verlangen etliche Regelungen, dass die entsprechende Erklärung mindestens in Textform abgegeben wird (vgl. §§ 312c, 477 Abs. 2, 554 Abs. 3 BGB). Eine wichtige Regelung, bei der die Abgabe einer Erklärung zumindest in Textform erfolgen muss, ist die Ausübung des Widerrufsrechts bei Verbraucherverträgen (§ 355 Abs. 1 BGB).

6.2.5 Nichtigkeit von Rechtsgeschäften

Bestimmte Rechtsgeschäfte sind von Anfang an unwirksam, d.h. nichtig, weil sie von der Rechtsordnung nicht gebilligt werden oder um beteiligte Personen (etwa Geschäftsunfähige) zu schützen. Wenn ein nichtiges Rechtsgeschäft dennoch vollzogen wurde, muss es rückabgewickelt werden (§ 812 BGB). Wenn ein Geschäftsunfähiger beispielsweise seine kostbare Armbanduhr verschenkt, muss der Beschenkte die Uhr zurückgeben.

	Diese Rechtsgeschäfte sind nichtig
1	Rechtsgeschäfte, die gegen ein gesetzliches Verbot verstoßen (§ 134 BGB)
2	Rechtsgeschäfte, die gegen die guten Sitten verstoßen (§ 138 BGB); dazu gehören u.a.: ● Rechtsgeschäfte, die gegen gesetzliche Formvorschriften verstoßen (§ 125 BGB) ● Rechtsgeschäfte von Geschäftsunfähigen (§ 105 Abs. 1 BGB) ● Rechtsgeschäfte Minderjähriger, die diese ohne Zustimmung ihrer gesetzlichen Vertreter abschließen und die nicht lediglich rechtlich vorteilhaft für sie sind (§ 107 BGB) ● Rechtsgeschäfte, die im Zustand der Bewusstlosigkeit oder vorübergehender Störung der Geistestätigkeit abgegeben werden (§ 105 Abs. 2 BGB)
3	Willenserklärungen, die zum Schein abgegeben wurden – „Scheingeschäfte"–, die ein anderes Rechtsgeschäft verdecken sollen (§ 117 BGB)
4	Offensichtlich nicht ernst gemeinte Willenserklärungen, Scherzgeschäfte (§ 118 BGB)

6.2.6 Anfechtbarkeit von Rechtsgeschäften

Ein anfechtbares Rechtsgeschäft ist von Anfang an wirksam. Es kann aber durch die Anfechtungserklärung des Anfechtungsberechtigten rückwirkend unwirksam (also nichtig) gemacht werden (vgl. § 142 Abs. 1 BGB). Eine Anfechtung ist nur in gesetzlich geregelten Fällen möglich, die in der folgenden Übersicht zusammengestellt sind.

Gesetzliche Anfechtungsgründe	
Anfechtung wegen Irrtums *(§§ 119, 120 BGB)*	
Erklärungsirrtum: *Der Erklärende verspricht oder verschreibt sich.*	*Beispiel: Bei der schriftlichen Bestellung schreibt der Kaufmann eine „Null" zu viel und bestellt 1000 statt wie gewollt 100 Artikel.*
Inhaltsirrtum: *Der Erklärende irrt sich über den Inhalt seiner Willenserklärung.*	*Beispiel: Ein Kunsthändler hält das Bild, welches er verkauft, irrtümlicherweise für eine Kopie. In Wirklichkeit handelt es sich um ein Original.*
Übermittlungsirrtum: *Hier irrt sich nicht der Erklärende, sondern die Person, die die Willenserklärung für ihn übermittelt, bzw. die Apparatur, die zur Vermittlung benutzt wird, arbeitet fehlerhaft.*	*Beispiel: Im oberen Beispiel (Erklärungsirrtum) verschreibt sich die Sekretärin, die von ihrem Chef beauftragt wurde, die Bestellung vorzunehmen.*
Irrtum über die verkehrswesentliche Eigenschaft einer Person oder einer Sache.	*Beispiel: Ein Geldtransportunternehmen stellt einen vorbestraften Bankräuber ein. Bei Kenntnis des wahren Sachverhalts wäre der Arbeitsvertrag nicht abgeschlossen worden.*
Die Anfechtung muss unverzüglich, nämlich sobald der Anfechtungsberechtigte Kenntnis vom Anfechtungsgrund erlangt hat, ausgesprochen werden (§ 121 Abs. 1 Satz 1 BGB). Der Schaden (Vertrauensschaden), der dem Anfechtungsgegner durch die Ausübung des Anfechtungsrechts entsteht, ist vom Anfechtenden zu ersetzen (§ 122 Abs. 1 BGB).	

Anfechtung wegen **arglistiger Täuschung und widerrechtlicher Drohung** (§ 123 BGB)	
Anfechtung wegen **arglistiger Täuschung** (§ 123 BGB)	Beispiel: Der Autohändler erklärt dem Käufer auf dessen Nachfrage wahrheitswidrig, dass das Auto völlig unfallfrei sei.
Anfechtung wegen **widerrechtlicher Drohung** (§ 123 BGB)	Beispiel: Der Neffe droht seiner Erbtante, sie dürfe den Raum nicht verlassen, bevor sie nicht ein Testament zu seinen Gunsten aufgeschrieben habe.

Die Anfechtung in diesen Fällen muss innerhalb eines Jahres nach Kenntniserlangung der Täuschung erfolgen bzw. nach Wegfall der durch die Drohung entstandenen Zwangslage (§ 124 BGB).	
Motivirrtum: Ein Sonderfall des Inhaltsirrtums ist der so genannte Motivirrtum, ein Irrtum, der aufgrund der falschen Einschätzung eines Beweggrundes, der zum Abschluss eines Rechtsgeschäfts führt, entsteht.	Beispiel: Ein Bankkunde kauft Aktien in der Hoffnung, der Kurs werde steigen. Tatsächlich sinkt der Kurswert der Aktien nach dem Kauf. Er kann den Kaufvertrag nicht mit dem Argument anfechten, dass seine Erwartungen enttäuscht wurden.
Aufgrund eines solchen Motivirrtums kann ein Rechtsgeschäft **nicht** angefochten werden.	

	Nr.	Frage	Antwort
Aufgaben zur Selbstkontrolle	1.	Wie kommen Rechtsgeschäfte zustande? Geben Sie jeweils ein Beispiel für die verschiedenen Arten von Rechtsgeschäften.	
	2.	Warum wird eine Unterscheidung zwischen einseitig empfangsbedürftigen und nicht empfangsbedürftigen Rechtsgeschäften gemacht?	
	3.	Warum ist ein Rechtsgeschäft wegen arglistiger Täuschung bzw. wegen widerrechtlicher Drohung anfechtbar und nicht etwa nichtig?	

7 Die verschiedenen Vertragsarten

Im Rahmen von unternehmerischen Aktivitäten werden nicht nur Kaufverträge im Sinne des § 433 BGB abgeschlossen, sondern verschiedenartigste Leistungen „verkauft". Die wichtigsten Vertragstypen werden im 2. Buch des Bürgerlichen Gesetzbuches „Recht der Schuldverhältnisse (Abschnitt 8)" in den §§ 433 bis 676 h erörtert.

> *Darüber hinaus ist es durchaus möglich, verschiedene Vertragsarten zu kombinieren (z.B. Franchisevertrag, Leasingvertrag). In diesen Fällen werden je nach Notwendigkeit die in Frage kommenden Rechtsvorschriften angewandt.*

Wenn es z.B. im Rahmen eines Leasingvertrags um Meinungsverschiedenheiten über die Laufzeit des Vertrags geht, werden die Vorschriften zum Mietvertrag angewandt. Geht es dagegen um einen Mangel des Leasingobjekts, werden die Gewährleistungsregelungen des Kaufvertragsrechts zu Rate gezogen.

Anzumerken ist, dass die Regelungen des allgemeinen Schuldrechts natürlich auch Anwendung auf diese Rechtsgeschäfte finden. So gelten z.B. die Vorschriften zum Schadensersatz wegen Pflichtverletzung eines Vertrags (§ 280 BGB), zu den Regelungen zum Verzug (§§ 286 ff. BGB) und zu den Allgemeinen Geschäftsbedingungen (§§ 305 ff. BGB) auch für die hier aufgelisteten anderen Schuldverhältnisse und werden entsprechend angewendet, wie es hier im Zusammenhang mit dem Kaufvertrag besprochen wird.

7.1 Die wichtigsten Vertragsarten

Der Dienstvertrag (§§ 611 ff. BGB)

Im Rahmen des Dienstvertrags verpflichtet sich der eine Vertragspartner zur Leistung von Diensten, der andere zur Zahlung der vereinbarten Vergütung. Vergütet wird die Tätigkeit als solche, nicht der Erfolg. Ein Sonderfall des Dienstvertrags ist der Arbeitsvertrag zwischen Arbeitgeber und Arbeitnehmer.

Der Werkvertrag (§§ 631 ff. BGB)

Anders als beim Dienstvertrag wird beim Werkvertrag ein Erfolg geschuldet. Der Unternehmer verpflichtet sich gegenüber dem Besteller zur entgeltlichen Herstellung eines Werkes.

Der Reisevertrag (§ 651 a bis 651 m BGB)

Im Rahmen eines Reisevertrags verpflichtet sich der Reiseveranstalter (Tourismusunternehmen/Reisebüro), für den Reisenden eine Gesamtheit von Reiseleistungen gegen Entgelt zu erbringen. Hier handelt es sich um eine Bündelung der verschiedensten Einzelleistungen (Flug, Unterkunft, Verpflegung usw.), für die der Reiseveranstalter als Vertragspartner verantwortlich ist.

Der Mietvertrag (§§ 535 ff. BGB)

Durch einen Mietvertrag überlässt der Vermieter dem Mieter für einen vereinbarten Zeitraum eine bewegliche oder unbewegliche Sache zum Gebrauch gegen Entgelt. Insbesondere befinden sich in diesem Titel des Bürgerlichen Gesetzbuches die Vorschriften zur Miete über Wohn- und Gewerberaum.

Der Pachtvertrag (§§ 581 ff. BGB)

Beim Pachtvertrag wird die Sache dem Pächter nicht nur, wie bei der Miete, zum Gebrauch überlassen, sondern er kann auch den erwirtschafteten Ertrag („Genuss der Früchte") für sich behalten.

Der Leihvertrag (§§ 598 ff. BGB)

Anders als beim Mietvertrag erfolgt die Gebrauchsüberlassung bei Abschluss eines Leihvertrages unentgeltlich.

Der Darlehensvertrag (§§ 488 ff. BGB, §§ 607 ff. BGB)

Handelt es sich bei dem Darlehensvertrag um ein Sachdarlehen (§ 607 BGB), überlässt der Darlehensgeber dem Darlehensnehmer eine vertretbare Sache (vgl. § 91 BGB: eine Sache, die nach Zahl, Maß oder Gewicht bestimmt werden kann). Dieser verpflichtet sich, eine Sache gleicher Art, Güte und Menge zurückzugeben.

Beim Gelddarlehen (§ 488 BGB) geht es dagegen um einen Geldbetrag, der nach Ablauf der vereinbarten Zeit oder in entsprechenden Raten zurückgezahlt werden muss.

Der Mäklervertrag (§§ 652 ff. BGB)

Beim Mäklervertrag erhält der Mäkler eine Vergütung (Mäklerlohn) für den Nachweis der Gelegenheit zum Abschluss eines Vertrags oder für die Vermittlung eines Vertrags (Wohnungsvermittlung, Grundstücksmakler, Industriemakler). Üblicherweise entsteht der Mäklerlohn nur bei Erfolg.

Der Franchisevertrag

Im Rahmen eines Franchisevertrags übernimmt der Franchisenehmer als selbstständiger Unternehmer vom Franchisegeber ein gesamtes Geschäftskonzept gegen Entgelt zur eigenen Nutzung (bekannte Beispiele mit einer großen Anzahl von Franchisenehmern, die man aus dem Stadbild kennt, sind beispielsweise McDonald's, die Bäckerei Kamps, die Schülerhilfe).

Der Franchisegeber verpflichtet sich, seinem Partner Waren, Betriebsmittel, aber auch Know-how und Werbemittel zur Verfügung zu stellen.

Der Franchisevertrag selbst ist im Gesetz nicht geregelt, denn es handelt sich auch hier um eine Bündelung der verschiedensten Vertragsarten wie Dienst-, Kauf-, Mietvertrag.

Der Leasingvertrag

Ebenfalls nicht im Gesetz geregelt ist der Leasingvertrag, der sich ursprünglich nur auf den unternehmerischen Bereich bezog. Weit verbreitet ist aber mittlerweile auch das private Leasing (z.B. von Kraftfahrzeugen).

Im Rahmen eines Leasingvertrags übernimmt der Leasingnehmer vom Leasinggeber die Nutzung von Betriebsmitteln oder Sachen zur privaten Nutzung gegen Entgelt für einen bestimmten Zeitraum (also eigentlich ein Mietvertrag).

Oft werden diese Verträge mit anderen Leistungen wie Service oder Kaufoption nach Ablauf der Mietzeit verknüpft.

Reisevertrag	*Ein Kunde bucht über ein Reisebüro eine Pauschalreise (Flug, Übernachtung, Essen usw.) nach Italien.*
Darlehensvertrag (Sach-, Geldvertrag)	*Sachdarlehen: Bauer 1 „borgt" sich von Bauer 2 eine Ladung Heu. Er verspricht ihm, das Heu nach der nächsten Ernte zurückzugeben.* *Gelddarlehen: Um den Kauf eines neuen Autos zu finanzieren, nimmt ein Kunde bei seiner Hausbank ein Darlehen über 15.000 Euro auf.*
Mäklervertrag	*Für die Vermittlung zum Abschluss eines Grundstückskaufs lässt sich der Mäkler ein Honorar von 6% des Grundstückskaufpreises vom Kaufinteressenten versprechen.*
Franchisevertrag	*Eine Fastfood-Kette überlässt einem Unternehmer gegen Entgelt sämtliche Betriebsmittel (einschließlich Know-how) für den Betrieb einer Fastfood-Filiale.*
Leasingvertrag	*Statt zu kaufen „least" ein Verlag gegen eine monatliche Leasinggebühr eine teure Druckmaschine.*

7.2   Die Struktur des Kaufvertrags

Der Kaufvertrag lässt sich in einzelne Phasen einteilen, denen bestimmte Inhalte zu Grunde gelegt werden können. Diese einzelnen Phasen lassen sich wie folgt bezeichnen:

- Vorvertraglicher Kontakt der Vertragspartner
- Zustandekommen des Kaufvertrags
- Inhalt des Kaufvertrags
- Erfüllung/Beendigung des Kaufvertrags
- Störungen beim Kaufvertrag (Verzug/Sachmangel)

Diesen einzelnen Phasen lassen sich die folgenden zu erörternden Themen zuordnen:

Themenbereiche des Kaufvertrages

Vorvertragliche Kontakte der Vertragspartner	Zustandekommen des Kaufvertrags	Inhalt des Kaufvertrags	Störungen beim Kaufvertrag
• Vorvertragliche Kontakte • Anfrage • Verpflichtungen aus Aufnahme von Vertragsverhandlungen • Rechtscharakter von Werbeanpreisungen	• Zustandekommen des Kaufvertrags durch Willenserklärungen • Der Kaufvertrag als Verpflichtungsgeschäft • Freizeichnungsklauseln	• AGB • Widerrufsrecht bei Verbrauchergeschäften • Verbraucherverträge • Pflichten im elektronischen Geschäftsverkehr • Besonderheiten des Kaufvertrags • Weitere Regelungen zur individuellen Vertragsgestaltung	Verzug • Lieferungsverzug • Annahmeverzug • Zahlungsverzug Ansprüche bei Lieferung von mangelhafter Ware • Rügefristen bei Rechtsmängeln • Verbrauchsgüterkauf

Aufgaben zur Selbstkontrolle

Nr.	Frage	Antwort
1.	Was ist der Unterschied zwischen einem Miet-, einem Leih- und einem Darlehensvertrag?	
2.	Was unterscheidet den Pachtvertrag vom Mietvertrag?	
3.	Ein Rechtsanwalt übernimmt die Verteidigung eines Bankräubers in einem Strafverfahren. Um was für einen Vertrag handelt es sich?	

8   Der vorvertragliche Bereich

8.1   Vorvertragliche Kontakte

Im Rahmen des vorvertraglichen Kontaktes zwischen Verkäufer und Käufer stellt sich die Frage, ob bereits in dieser Phase rechtliche Bindungen mit etwaigen Rechtsfolgen zwischen den Parteien entstehen können. Zum einen kann der Käufer zum Zwecke der Information eine Anfrage an den Verkäufer richten, zum anderen kann aufgrund des Kontaktes im Rahmen von Information und Verkaufsgesprächen (Anbahnung eines Vertrags) zwischen Käufer und Verkäufer ein Vertrauenstatbestand geschaffen werden, der Rechtsfolgen und unter Umständen Schadensersatzansprüche für beide Seiten auslösen kann (vgl. § 311 Abs. 2 BGB).

Das könnte sich im Ladengeschäft ergeben, wenn sich der Kunde intensiv für ein teures, selten verkäufliches Produkt interessiert, das der Verkäufer erst beschaffen muss. Wenn der Kunde dann ohne Grund Abstand vom Kaufvertrag nimmt, könnte ein solcher Vertrauenstatbestand Ansprüche des Verkäufers auslösen.

Auch bei Werbeanpreisungen in den Medien stellt sich die Frage, ob der Anpreisende unter Umständen ein Angebot im Sinne des Kaufvertragsrechts macht; ebenso könnte es sich mit den Preisauszeichnungen an Waren verhalten.

8.2   Die rechtliche Wirkung der Anfrage

Zur Information bezüglich eines etwaig abzuschließenden Kaufvertrags kann sich der Interessent im Rahmen einer allgemeinen Anfrage einen Überblick über das Angebot des Verkäufers verschaffen, etwa mit der Bitte zur Übersendung von Preislisten oder Katalogen. Mit einer gezielten Anfrage ist der Wunsch nach genauen Informationen über bestimmte Waren wie Qualität, Preis, Lieferbedingungen usw. verbunden.

Eine solche Anfrage ist unverbindlich, entfaltet keinerlei rechtliche Wirkung und verpflichtet insbesondere nicht zum Abschluss eines Kaufvertrags.

8.3 Verpflichtungen aus der Aufnahme von Vertragsverhandlungen bzw. Anbahnung eines Rechtsgeschäfts (§ 311 Abs. 2 BGB)

Es besteht die Möglichkeit, dass durch die Aufnahme von Vertragsverhandlungen bzw. die Anbahnung eines Kaufvertrags für die Beteiligten verschiedenartigste Pflichten entstehen, z.B. weil für den Anbieter in Erwartung eines Vertragsabschlusses Aufwendungen angefallen sind, die vergeblich waren und bei pflichtgemäßem Verhalten des anderen nicht entstanden wären.

> **Beispiel**
>
> *Ein Interessent möchte eine Maschine kaufen und vereinbart mit dem Verkäufer einen Besichtigungstermin, zu dem er eine weite Anreise vornehmen muss. Als der Interessent zum Besichtigungstermin erscheint, eröffnet ihm der Verkäufer, obwohl er ausreichend Gelegenheit gehabt hätte, den Termin telefonisch abzusagen, er habe die Maschine anderweitig verkauft. Die vergeblich aufgewandten Reisekosten kann der Kaufinteressent unter dem Gedanken einer Pflichtverletzung im Bereich der Vertragsanbahnung durch den Verkäufer als Schadensersatz zurückverlangen.*

8.4 Der Rechtscharakter von Werbeanpreisungen

In den Medien, insbesondere in Zeitungen, Zeitschriften und Werbesendungen, werden Waren angepriesen und beworben. Unter Umständen wird auch der konkrete Begriff „Angebot" oder „Sonderangebot" verwendet. Wenn diese Anpreisungen tatsächlich Angebote (Antrag vgl. § 145 BGB) im Sinne des Kaufvertragsrechts wären, bräuchte der Käufer nur noch dieses Angebot anzunehmen und es wäre ein wirksamer Kaufvertrag zustande gekommen. Es würde sich dann die Frage stellen, was wäre, wenn viele Käufer dieses „Angebot" annähmen, der Unternehmer aber gar nicht ausreichend Ware hat.

Es ist aus diesem Grund anerkannt, dass Werbeanpreisungen, ähnlich wie die Preisauszeichnungen an den ausgestellten bzw. ausgelegten Waren, keine

Angebote im Sinne des Kaufvertragsrechts sind, sondern Aufforderungen an den Kaufinteressenten, seinerseits ein Angebot zu machen (lat.: „invitatio ad offerendum"). Eine rechtliche Bindung durch den Verkäufer tritt durch diese Anpreisungen/Auszeichnungen nicht ein.

Der Verkäufer ist demnach nicht verpflichtet, eine falsch ausgepreiste Ware zu diesem Preis zu verkaufen. Allerdings verstößt er durch falsche Angaben (sog. „Mondpreise", „Lockvogelangebote", „unzutreffende Angaben") u. U. gegen das Gesetz gegen den unlauteren Wettbewerb (UWG).

	Nr.	Frage	Antwort
Aufgaben zur Selbstkontrolle	1.	*Ein Kaufmann erkundigt sich bei einer Firma nach Preisen und Lieferzeiten für einige Artikel, die er eventuell kaufen möchte. Diese erteilt die entsprechenden Auskünfte. Nach einigen Tagen erhält der Kaufmann von der Firma eine Rechnung über 40,00 Euro als Servicegebühr für erteilte Auskünfte. Muss der Kaufmann die Rechnung bezahlen?*	
	2.	*Als eine Kundin einen Supermarkt betritt, rutscht sie auf dem Boden des Geschäfts aus, weil dieser viel zu glatt gebohnert und auch kein entsprechendes Warnschild aufgestellt war. Der Geschäftsführer lehnt Schadensersatzansprüche der Kundin mit dem Argument ab, sie habe ja gar nichts gekauft. Was sagen Sie zu diesem Argument?*	

9 Zustandekommen des Kaufvertrags

9.1 Zustandekommen des Kaufvertrags durch Antrag und Annahme

Voraussetzung für das Zustandekommen des Kaufvertrags sind zwei übereinstimmende Willenserklärungen, nämlich der Antrag und die Annahme (vgl. §§ 145 ff. BGB). Der Antrag (die erste Willenserklärung) muss vollständig gefasst sein, sodass die Annahme (die zweite Willenserklärung) nur noch die Bestätigung des Antrags (also ein „Ja") zu sein braucht. Diese Situation kann natürlich unter Umständen das Ergebnis langer Vertragsverhandlungen sein, in deren Verlauf sich die Vertragspartner in der Regel über folgende Inhalte geeinigt haben müssen:

- Art, Güte und Beschaffenheit der Ware
- Kaufpreis
- Lieferbedingungen
- Zahlungsbedingungen

Mit der Annahme durch den Vertragspartner kommt der Kaufvertrag dann zustande.

Beispiele

Der Verkäufer bietet dem Käufer einen MP3 Player mit den Worten „Willst Du dieses Gerät kaufen?" an. Der Käufer sagt „Ja". Dennoch ist kein Kaufvertrag zustande gekommen, da die Parteien keine Einigung über den Kaufpreis erzielt haben.

Reihenfolge der Willenserklärungen

Angebot und Bestellung

Der Verkäufer gibt die erste Willenserklärung ab (Antrag), man spricht von einem Angebot.

Die darauf folgende Willenserklärung des Käufers (Annahme) wird auch als Bestellung bezeichnet.

Der Verkäufer könnte die Bestellung durch eine Bestellungsannahme, die eigentlich nicht mehr notwendig ist, bestätigen.

Beispiel

Ein Kaufmann bietet einem Kunden schriftlich den Kauf einer Partie Textilien zu einem Preis von 3.000,00 Euro an. Der Kunde gibt die entsprechende Bestellung ab.

Bestellung und Bestellungsannahme

Der Käufer gibt die erste Willenserklärung (Antrag) ab, in diesem Fall die Bestellung.

Der Verkäufer nimmt die zweite Willenserklärung (Annahme) vor, die als Bestellungsannahme bezeichnet wird.

Beispiel:

Aufgrund einer Zeitungsannonce, in der vom Verkäufer Elektrogeräte angepriesen werden, bestellt ein Kunde einen Fernseher. Der Verkäufer bestätigt die Bestellung und schickt den Fernseher.

Je nach Reihenfolge der Willenserklärungen werden diese also unterschiedlich bezeichnet.

9.2   Der Kaufvertrag als Verpflichtungsgeschäft

Durch den Abschluss des Kaufvertrags haben sich Verkäufer und Käufer erst zur Erbringung der Leistung gemäß Kaufvertrag verpflichtet, diese ist zu diesem Zeitpunkt noch nicht erfolgt (vgl. die Formulierung des § 433 BGB).

Der Eigentumswechsel der Kaufsache (ebenso des Kaufpreises) wird durch ein zweites Rechtsgeschäft, das sog. Erfüllungsgeschäft bewirkt, welches aus zwei Bestandteilen besteht, nämlich

- der körperlichen Übergabe der Sache und
- der Einigung, dass das Eigentum vom Verkäufer auf den Käufer übergeht (§ 929 BGB).

Verpflichtungs- und Verfügungsgeschäft	
Verpflichtungsgeschäft nach § 433 BGB 1. Rechtsgeschäft	**Verfügungsgeschäft nach § 929 BGB 2. Rechtsgeschäft**
Der Verkäufer verpflichtet sich, a) *zur Übergabe der Sache,* b) *dem Käufer Eigentum frei von Sach- und Rechtsmängeln zu verschaffen (§ 433 Abs. 1 BGB).* *Der Käufer verpflichtet sich,* a) *zur Zahlung des Kaufpreises,* b) *zur Abnahme der gekauften Sache (§ 433 Abs. 2 BGB).*	*Damit das Eigentum auch tatsächlich übertragen wird,* a) *muss der Verkäufer dem Käufer die Sache übergeben,* b) *müssen Verkäufer und Käufer sich einig sein, dass das Eigentum übergeht.*

Bei den Geschäften des täglichen Lebens fallen diese beiden Rechtsgeschäfte – das Verpflichtungsgeschäft und das Erfüllungsgeschäft – üblicherweise in einer Handlungseinheit zusammen. Wenn dagegen ein größerer Kaufvertrag abwickelt wird, dann sind die Bestandteile der Rechtsgeschäfte, die einen Kaufvertrag und die Übereignung der gekauften Sache ergeben, deutlich erkennbar:

	Beispiele
Verpflichtungs- und Erfüllungs-geschäft fallen zusammen:	**Verpflichtungs- und Erfüllungs-geschäft fallen nicht zusammen:**
Beim Einkauf im Supermarkt wird die Ware auf das Förderband gelegt (Angebot), eingescannt und an den Käufer übergeben (Annahme, Einigung und Übergabe). Kaufvertrag und Eigentumswechsel erfolgen in einer Handlungseinheit.	*Ein Großhändler möchte eine Schiffsladung Kaffee kaufen. Er bestellt die Ware zunächst und es kommt ein Kaufvertrag zustande. Die Übereignung findet jedoch erst statt, wenn der Kaffee geliefert wird.*

9.3   Besonderheiten beim Abschluss des Kaufvertrags

9.3.1 Inhaltliche Veränderung des Antrages im Rahmen der Annahme

Wird ein Antrag angenommen, dieser aber durch den Annehmenden abgeändert, gilt dies als Ablehnung des Antrages. Dies ist dann zugleich mit einem neuen Antrag verbunden, der seinerseits durch den ursprünglich Anbietenden ausdrücklich angenommen werden muss (§ 150 Abs. 2 BGB).

Beispiel

Ein Verkäufer bietet seiner Kundin ein Buch zum Kaufpreis von 30 Euro an. Die Kundin antwortet: „Ja, ich kaufe das Buch für 25 Euro." Der Verkäufer müsste den Preis von 25 Euro erst bestätigen, damit der Kauf zustande kommt.

9.3.2 Verspätete Annahme des Antrages

Die verspätete Annahme eines Antrages gilt als neuer Antrag, der seinerseits von dem ursprünglich Antragenden angenommen werden muss (§ 150 Abs. 1 BGB).

Beispiel

Ein Verkäufer bietet einer Interessentin seinen gebrauchten Motorroller zum Kaufpreis von 400 Euro an.

Er sagt: „Überleg es dir und entscheide dich bis zum 15. des Monats."

Am 20. des Monats meldet sich die Interessentin und sagt: „Ich nehme dein Angebot an und kaufe den Roller."

Auch hier ist eine Bestätigung des Verkäufers notwendig, damit der Kauf zustande kommt.

9.3.3 Freizeichnungsklauseln

Kaufleute verwenden Freizeichnungsklauseln, wenn sie die Bindung an ein Angebot, welches sie anderen Kaufleuten unterbreiten, einschränken wollen.

Ausgewählte Freizeichnungsklauseln	
„freibleibend", „unverbindlich", „ohne Obligo"	= das ganze Angebot ist unverbindlich
„Preisänderungen vorbehalten"	= der Preis ist unverbindlich
„solange der Vorrat reicht"	= die Menge ist unverbindlich

	Nr.	Frage	Antwort
Aufgaben zur Selbstkontrolle	1.	Erläutern Sie den Unterschied zwischen einem Verpflichtungsgeschäft und einem Verfügungsgeschäft.	
	2.	Was ist der Sinn von Freizeichnungsklauseln?	
	3.	Wie ist die verspätete Annahme eines Antrags rechtlich zu bewerten?	

10   Inhalt des Kaufvertrags

Im Rahmen der Vertragsfreiheit, *also der Möglichkeit,
Rechtsgeschäfte im Einverständnis mit dem Vertragspartner selbst zu gestalten, können Verkäufer und Käufer
den Inhalt des Kaufvertrages weitestgehend nach ihren
Vorstellungen ausarbeiten.*

Sie können Reglungen über die Art, Zahl, Güte usw. des Kaufgegenstan-
des ebenso treffen wie über Lieferungs- und Zahlungsbedingungen.
Natürlich können Sie auch die Form des Kaufvertrags selbst bestim-
men, soweit es nicht wie beim Grundstückskaufvertrag (vgl. § 311 b
Abs 1 BGB) gesetzliche Regelungen gibt, die eine bestimmte Form vor-
schreiben.

Oft werden Vertragsinhalte durch Allgemeine Geschäftsbedingungen (AGB) geregelt, die vom „stärkeren" Vertragspartner (Unternehmer gegenüber dem Verbraucher) vorgeschrieben oder unter Kaufleuten vereinbart werden. Damit der Vertragspartner seine überlegene
Position nicht ausnutzt und dem anderen ihn benachteiligende Klauseln aufzwingt, regelt das Recht der Allgemeinen Geschäftsbedingungen (§§ 305 ff. BGB) die Zulässigkeit der Benutzung solcher Klauseln.

Da der Verbraucher nicht nur durch Allgemeine Geschäftsbedingungen benachteiligt werden kann, sondern auch durch andere Verhaltensweisen des Unternehmers, wie z.B. durch Überrumplung oder
durch wirtschaftlichen Druck, gibt es weitere Regelungen (Verbrau-
cherrecht), die den Verbraucher schützen sollen. Wichtig ist insbesondere die Möglichkeit des Widerrufsrechts bzw. des Rückgaberechts im
Zusammenhang mit Verbrauchergeschäften sowie die besonderen
Vorschriften im Zusammenhang mit Fernabsatzverträgen.

10.1   Allgemeine Geschäftsbedingungen

Unter Allgemeinen Geschäftsbedingungen *versteht man
„alle für eine Vielzahl von Verträgen vorformulierten
Vertragsbedingungen, die eine Vertragspartei (Verwender)
der anderen Vertragspartei bei Abschluss des Vertrags
stellt." (§ 305 BGB)*

Damit die Geschäftsbedingungen Bestandteil des betreffenden Vertrags werden, müssen folgende Voraussetzungen erfüllt sein (vgl. § 305 Abs. 2 BGB):

- Der Verwender muss die andere Vertragspartei ausdrücklich auf die AGB hinweisen, dies kann ausnahmsweise auch durch einen deutlich sichtbaren Aushang am Ort des Vertragsabschlusses geschehen. Ein Hinweis nach Vertragsabschluss, etwa auf dem Lieferschein oder auf der Rechnung, genügt nicht.
- Der Vertragspartner muss in zumutbarer Weise von dem Inhalt der AGB Kenntnis nehmen können (ausreichendes Schriftbild, mühelos lesbar, verständlich geschrieben). Bei einer Bestellung über das Internet genügt es, wenn die AGB des Anbieters über einen auf der Bestellseite gut sichtbaren Link aufgerufen und ausgedruckt werden können.
- Der Vertragspartner muss mit der Geltung der AGB einverstanden sein. Dieses Einverständnis kann ausdrücklich oder konkludent erklärt werden.

Die Vertragspartner haben trotz des Vorliegens und der Verwendung von AGB im Rahmen einer individuellen Vertragsabrede immer die Möglichkeit, die allgemeinen Regelungen der AGB abzuändern oder Teile davon außer Kraft zu setzen (§ 305 b BGB).

Beispiele

In den Allgemeinen Geschäftsbedingungen eines Großhändlers steht die Klausel, dass die Lieferung innerhalb von vier Wochen nach Abschluss des Kaufvertrags erfolgt. Käufer und Verkäufer können durchaus eine individuelle Vereinbarung über eine kürzere Lieferfrist treffen.

10.2 Inhaltskontrolle von Allgemeinen Geschäftsbedingungen

Weil Allgemeine Geschäftsbedingungen unter Umständen sehr umfangreich und auch schwer verständlich sein können, werden sie oft bei Abschluss des Vertrags nicht durchgelesen. Eine typische Situation beim Verkauf von Konsumgütern ist, dass die AGB klein gedruckt auf der Rückseite des Kaufvertrags stehen und der Kunde sich nicht die Zeit zum Durchlesen nimmt, sondern einfach unterschreibt.

Trotzdem werden die AGB, wenn der Vertragspartner sein Einverständnis erklärt, Bestandteil des Vertrags und gelten für alle Beteiligten. Es besteht also die Gefahr, dass für den Vertragspartner, der sich den AGB unterwirft, bestimmte Klauseln sehr nachteilig sind und ihn übervorteilen. Deshalb müssen Allgemeine Geschäftsbedingungen so formuliert sein, dass sie den Vertragspartner des Verwenders nicht entgegen den Geboten von Treu und Glauben unangemessen benachteiligen (§ 307 Abs. 1 BGB):

● Überraschende Klauseln (§ 305 c BGB), mit denen der Vertragspartner nicht zu rechnen braucht, sind ungültig.
Beispiel: Beim Kauf einer Kaffeemaschine verpflichtet sich der Käufer, im Rahmen der AGB monatlich eine bestimmte Menge Kaffee bei dem Verkäufer zu kaufen.

● Mehrdeutige Klauseln (§ 305 c BGB) werden zu Lasten des Verwenders ausgelegt.
Beispiel: Die Klausel, „Verkäufer sichert zu, dass das Kraftfahrzeug soweit ihm bekannt eine Gesamtfahrleistung von x km ausweist", ist beim Verkauf durch einen Händler als vertragliche Zusicherung (Garantieübernahme) aufzufassen.

● Kurzfristige Preiserhöhungen innerhalb von vier Monaten nach Abschluss des Kaufvertrags sind nicht erlaubt. (§ 309 Ziff. 1 BGB)

● Die gesetzliche Gewährleistungsfrist darf nicht gekürzt werden. (§ 309 Nr. 8 b BGB)

10.3 Rechtsfolgen der Nichteinbeziehung bzw. der Unwirksamkeit von AGB-Klauseln

Wenn AGB nicht wirksam in den Vertrag mit einbezogen wurden bzw. einzelne Klauseln unwirksam sind, bleibt der Vertrag im Übrigen dennoch wirksam (§ 306 Abs. 1 BGB).

An Stelle der durch die Unwirksamkeit jetzt nicht geregelten Punkte tritt die entsprechende gesetzliche Regelung (§ 306 Abs. 2 BGB).

> **Beispiele**
>
> *In einem Kaufvertrag wurde die Gewährleistungsfrist unzulässigerweise auf lediglich drei Monate begrenzt. Diese Klausel ist gemäß § 309 Nr. 8 b BGB unwirksam. An ihre Stelle tritt die gesetzliche Gewährleistungsfrist von zwei Jahren gemäß § 438 Abs. 1 Ziff. 3 BGB.*

Die Regelungen zu den Allgemeinen Geschäftsbedingungen gelten gegenüber Unternehmern, insbesondere gegenüber Kaufleuten, nur in eingeschränktem Maße (vgl. § 310 BGB). Im Gegensatz zum Verbraucher als schützenswertem Bürger sind Unternehmer als „Profis" im Umgang mit den Allgemeinen Geschäftsbedingungen vertrauter und kennen sich in der Regel besser aus. Deshalb gelten für diese Vertragspartner speziell die §§ 308, 309 BGB, die die Nutzung von einzelnen Klauseln regeln, nicht.

10.4 Widerrufsrecht bei Verbrauchergeschäften (§ 355 BGB)

Im Rechtsverkehr ist der Verbraucher, eine natürliche Person, „die ein Rechtsgeschäft zu einem Zweck abschließt, der weder ihrer gewerblichen noch ihrer selbstständigen beruflichen Tätigkeit zugerechnet werden kann" (§ 13 BGB), gegenüber dem mächtigeren Unternehmer, einer „natürlichen oder juristischen Person oder einer rechtsfähigen Personengesellschaft, die bei Abschluss eines Rechtsgeschäfts in Ausübung ihrer gewerblichen oder selbstständigen beruflichen Tätigkeit handelt" (vgl. § 14 BGB), schutzwürdig.

Deshalb steht es dem Verbraucher bei bestimmten Rechtsgeschäften zu, namentlich bei Haustürgeschäften, Fernabsatzverträgen und Verbraucherdarlehensverträgen, diese Verträge innerhalb von zwei Wochen zu widerrufen.

Die Widerrufsfrist beginnt erst, wenn dem Verbraucher eine deutlich gestaltete Belehrung über sein Widerrufsrecht in Textform mitgeteilt wurde, die auch Namen und Anschrift des Unternehmers, gegenüber dem der Widerruf zu erklären ist, enthält.

*Wird die Belehrung erst nach Vertragsabschluss erteilt,
beträgt die Frist nicht zwei Wochen, sondern einen Monat.*

Wenn es sich um einen schriftlich abzuschließenden Vertrag handelt,
beginnt die Frist erst, wenn der Verbraucher auch eine entsprechende
schriftliche Vertragsurkunde erhalten hat. Handelt es sich um die Lieferung von Waren, beginnt die Frist erst, wenn die Waren beim Empfänger
angekommen sind.

*Das Widerrufsrecht endet spätestens sechs Monate nach
Vertragsabschluss. Es erlischt nicht, wenn der Verbraucher
nicht oder nicht ordnungsgemäß über sein Widerrufsrecht
belehrt wurde.*

Der Widerruf ist innerhalb einer Frist von normalerweise zwei Wochen (siehe oben) gegenüber dem Unternehmer in Textform oder
durch Rücksendung der Ware zu erklären. Er muss nicht begründet
werden.

Als Folge eines wirksamen Widerrufs wird der Vertrag unwirksam,
so als ob er nie abgeschlossen worden wäre (§ 357 BGB). Etwaige er-
brachte Leistungen müssen rückabgewickelt werden (Ware zurück,
Geld zurück). Die Rücksendung der Waren erfolgt auf Kosten des Unternehmers. Wenn es sich um einen Fernabsatzvertrag handelt (siehe
unten), kann dem Verbraucher im Rahmen des Vertrages allerdings
die Verpflichtung zur Kostentragung auferlegt werden, wenn der Preis
der zurückzusendenden Sache 40,00 Euro nicht übersteigt (§ 357 Abs.
2 BGB).

10.5 Verbraucherverträge, bei denen ein
Widerrufsrecht ausgeübt werden kann

Haustürgeschäfte (§ 312 BGB) sind Rechtsgeschäfte, die
- durch mündliche Verhandlungen am Arbeitsplatz oder in der Pri-
  vatwohnung (Vertreterbesuch),
- auf einer von einem Unternehmer durchgeführten Freizeitveran-
  staltung (z.B. „Kaffeefahrt"),
- in öffentlichen Verkehrsmitteln oder auf Straßen („Ansprechen auf
  der Straße") zustande kommen.

Fernabsatzverträge (§ 312 d BGB) sind Verträge, die zwischen einem Verbraucher und einem Unternehmer ausschließlich über Fernkommunikationsmittel abgewickelt werden (z.B. Online-Shopping, E-Mails, Briefe, Kataloge, Rundfunk, Tele- und Mediendienste).

Verbraucherdarlehensverträge (§§ 491, 495 BGB) sind Darlehensverträge zwischen einem Unternehmer (Bank, Sparkasse) als Darlehensgeber und einem Verbraucher.

10.6 Rückgaberecht bei Verbraucherverträgen (§ 356 BGB)

Das Widerrufsrecht gemäß § 355 BGB kann unter bestimmten Bedingungen durch ein uneingeschränktes Rückgaberecht der Ware (so zum Beispiel beim Versandhandel) innerhalb von zwei Wochen ersetzt werden. Folgende Bedingungen sind kennzeichnend:

- Der Vertragsabschluss erfolgt aufgrund eines Verkaufsprospekts.
- Im Verkaufsprospekt muss eine deutlich gestaltete Belehrung über das Rückgaberecht enthalten sein.
- Der Verbraucher konnte den Verkaufsprospekt in Abwesenheit des Unternehmers eingehend zur Kenntnis nehmen.
- Dem Verbraucher wird das Rückgaberecht in Textform eingeräumt.

Bei den Geschäften des täglichen Lebens, die nicht diesen Bedingungen entsprechen, also insbesondere bei den Barkäufen, besteht ein gesetzliches Rückgaberecht nicht.

Allerdings erklären sich viele Unternehmen aus Kulanzgründen bereit, ihren Kunden dennoch ein Rückgaberecht einzuräumen (z.B. der Umtausch nicht passender Kleidungsstücke, Weihnachtsgeschenke u.Ä.).

10.7 Pflichten im elektronischen Geschäftsverkehr (§ 312 e BGB)

Besondere Regeln gelten, wenn das Rechtsgeschäft im Rahmen des elektronischen Geschäftsverkehrs abgewickelt wird, d.h. wenn Waren oder Dienstleistungen durch Tele- oder Mediendienste erbracht werden (z.B. Online-Bestellungen, Teleshopping).

Der Unternehmer muss dafür sorgen, dass
- der Kunde Eingabefehler vor Abgabe seiner Bestellung erkennen und berichtigen kann,
- der Kunde ausreichend über das Unternehmen informiert wird (verifizieren),
- dem Kunden die Bestellung unverzüglich auf elektronischem Wege bestätigt wird,
- dem Kunden die Möglichkeit zur Kenntnisnahme der Allgemeinen Geschäftsbedingungen verschafft wird.

10.8   Besondere Arten des Kaufvertrags

Entsprechend der Notwendigkeit und dem Interesse unterscheiden sich Kaufverträge nach:
- Art und Beschaffenheit der Ware
- Vertragspartnern
- Zahlungszeitpunkt
- Lieferzeit der Ware

10.8.1 Unterscheidung der Kaufverträge nach Art und Beschaffenheit der Ware

Kaufverträge nach Art und Beschaffenheit der Ware	
Arten	**Erlärung**
Stückkauf	*Bei einem Stückkauf handelt es sich um den Kauf eines einzelnen, individualisierten („nicht vertretbaren") Stücks, an dem der Käufer ein spezielles Interesse hat und welches nicht austauschbar ist.*
Beispiele ein Jugenstilschrank, ein Bild von Chagall, ein bestimmtes gebrauchtes Auto	
Gattungskauf	*Ein Gattungskauf bezieht sich auf Waren, die nach Gattungsmerkmalen (Art, Farbe, Material, Gewicht) bestimmt werden können. Der Käufer hat kein Interesse an einem bestimmten einzelnen Stück. Die meisten Artikel des täglichen Bedarfs sind Gattungsstücke.*

Beispiele
Möbel, aus dem Möbelhaus, elektrische Großgeräte im Kaufhaus

Kauf zur Probe	Bei einem Kauf zur Probe erwirbt der Käufer erst eine kleinere Menge Ware und gibt dem Verkäufer unverbindlich zu erkennen, dass er bei Gefallen weitere Bestellungen tätigt.

Beispiel
Ein Kunde kauft ein paar Flaschen Wein, um sie zu „testen" und bei Gefallen eine größere Menge zu kaufen.

Kauf auf Probe	Im Rahmen eines Kaufs auf Probe (§ 454 BGB) wird dem Käufer das Recht eingeräumt, die Ware auszuprobieren und bis zu einem bestimmten, vereinbarten Zeitpunkt zurückzugeben. Ist der Käufer einverstanden, behält er die Ware und der Kaufvertrag kommt zu diesem Zeitpunkt zustande.

Beispiel
Ein Elektronikhändler verkauft einem guten Stammkunden einen Camcorder zum Ausprobieren der Handhabung. Wenn dieser das Gerät nicht innerhalb einer Woche zurückgibt, ist der Kaufvertrag zustande gekommen.

Kauf nach Probe	Bei einem Kauf nach Probe wählt der Käufer anhand von Mustern, die ihm vom Verkäufer vorgelegt werden, die Ware aus, die er dann bestellt.

Beispiel
Ein älteres Ehepaar wählt anhand von Stoffmustern den Bezugsstoff für eine Polstersitzgarnitur aus und bestellt die Möbel in dieser Ausstattung.

Spezifikations-/ Bestimmungskauf	Im Rahmen eines Spezifikationskaufs- bzw. Bestimmungskaufs (§ 375 HGB) bestellt der Käufer nur eine Warenart und die Gesamtmenge. Innerhalb einer bestimmten Frist darf er dann die Ware nach Maß, Form, Farbe usw. weiter festlegen. Versäumt der Käufer diese Frist, kann der Verkäufer die Bestimmung vornehmen.

Beispiel
Zu Beginn einer Saison kauft ein Schuheinzelhändler 1.000 Paar Modeschuhe, die nicht sofort geliefert werden. In der Folgezeit nimmt er die Bestimmung nach Farbe und Größe vor und lässt sich die Schuhe liefern.

Ramschkauf	*Beim Ramschkauf erwirbt der Käufer Ware „in Bausch und Bogen" oder „en bloc", ohne den Zustand der Stücke im Einzelnen zu prüfen.*

Beispiel
Ein Antiquar kauft den gesamten Restbestand einer Taschenbuchreihe zum Pauschalpreis. Erst nach der Lieferung sortiert er nach Titeln, Menge und Zustand.

10.8.2 Unterscheidung der Kaufverträge nach den Vertragspartnern

Bei dieser Unterscheidung geht es auch um die Frage, ob und inwieweit das Handelsrecht (HGB) angewendet wird oder lediglich die Vorschriften des Bürgerlichen Gesetzbuches (BGB) gelten.

Arten von Kaufverträgen nach Vertragspartner	
Arten	*Beispiele*
Zweiseitiger Handelskauf (gem. §§ 343 ff. BGB):	
Beide Vertragspartner sind Kaufleute im Sinne des Handelsgesetzbuches, die im Rahmen ihres Handelsgewerbes einen Kaufvertrag abschließen.	*Der Inhaber eines Feinkosteinzelhandelsgeschäfts kauft Lebensmittel beim Großhändler.*
Einseitiger Handelskauf (§ 345 HGB):	
Ein Vertragspartner handelt als Kaufmann, für ihn ist das Geschäft ein Handelsgeschäft. Es gelten also die Regelungen des Handelsgesetzbuchs über den Handelskauf. Typischerweise ist der andere Vertragspartner ein Verbraucher, sodass die Sonderregeln des Verbraucherrechts Anwendung finden.	*Ein Junggeselle kauft im Kaufhaus eine Waschmaschine.*
Bürgerlicher Kauf (Privatkauf) (§ 433 BGB):	
Beide Vertragspartner sind Nichtkaufleute, also Privatleute, es gelten die Regelungen des Bürgerlichen Gesetzbuches.	*Frau Schoemer verkauft ihr gebrauchtes Auto an ihre Arbeitskollegin Frau Fröhlich.*

10.8.3 Unterscheidung der Kaufverträge nach dem Zahlungszeitpunkt

Hinsichtlich des Zahlungszeitpunktes gibt es folgende Unterscheidungen:

Zahlung vor Lieferung	Zahlung bei Lieferung	Zahlung nach Lieferung
Die Zahlung des gesamten Kaufpreises oder von Teilbeträgen erfolgt vor Lieferung der Ware.	Lieferung der Ware und Zahlung des Kaufpreises erfolgen zeitgleich. Dies ist der gesetzlich vorgeschriebene Normalfall (typisch für „Geschäfte des täglichen Lebens").	Die Zahlung des Kaufpreises erfolgt erst nach Erhalt der Ware. Der Betrag muss entweder innerhalb einer bestimmten Frist beglichen werden (Zielkauf), oder es wird eine Zahlung von Teilbeträgen vereinbart (Ratenkauf).

10.8.4 Unterscheidung der Kaufverträge nach der Lieferzeit

Die Lieferung kann entweder sofort oder terminbezogen erfolgen. Dabei werden folgende Unterscheidungen getroffen:

Sofortkauf (Tageskauf):	Die Ware wird sofort nach Abschluss des Kaufvertrags geliefert.
Terminkauf:	Die Ware wird innerhalb einer bestimmten Frist geliefert.
Fixkauf:	Die Ware wird zu einem festgelegten Zeitpunkt geliefert. Die Einhaltung dieses Termins ist Hauptbestandteil des Vertrags, d.h. das Geschäft kommt nur zustande, wenn dieser Termin tatsächlich eingehalten wird.
Kauf auf Abruf:	Der Lieferzeitpunkt wird innerhalb einer vereinbarten Frist vom Käufer festgelegt.

10.9 Weitere Regelungen zur individuellen Gestaltung von Kaufverträgen

Zur näheren Bestimmung der Pflichten aus dem Kaufvertrag sind oft weitere detaillierte Vereinbarungen notwendig, die sich sowohl auf die nähere Bezeichnung der Ware an sich beziehen, als auch auf Umstände, unter denen der Kaufvertrag abgewickelt werden soll.

Zu diesen Inhalten gehören insbesondere:
- nähere Bezeichnung der Ware
- Preis der Ware
- Lieferungsbedingungen
- Zahlungsbedingungen
- Eigentumsvorbehalt
- Erfüllungsort
- Gerichtsstand

10.9.1 Nähere Bezeichnung der Ware

Die Ware wird durch ihre handelsübliche Bezeichnung gekennzeichnet. Nähere Bezeichnungen von Waren können insbesondere durch Güteklassen, Handelsklassen und Typen erfolgen. Qualitätsstandards werden insbesondere durch Marken und Gütezeichen gekennzeichnet.

10.9.2 Preis der Ware

Der Preis der Ware bezieht sich auf eine bestimmte Mengeneinheit zuzüglich der gesetzlichen Mehrwertsteuer.

Die Festlegungen können sich auf die verschiedensten Kriterien wie gesetzliche Maßeinheiten (m, m², m³, kg), Stückzahlen (Stück, Dutzend) oder handelsübliche Bezeichnungen (Kiste, Sack, Palette), beziehen.

10.9.3 Lieferungsbedingungen

Bei den Lieferungsbedingungen spielen insbesondere die Übernahme der Beförderungskosten und der Verpackungskosten eine Rolle.

Beförderungskosten

Warenschulden sind grundsätzlich Holschulden (siehe Kapitel 10.9.6). Deshalb hat der Käufer die Transportkosten zu zahlen. Versendet der Verkäufer die Ware an einen Käufer am gleichen Ort (Platzkauf), so trägt der Käufer alle Beförderungskosten. Ist die Ware zum Käufer an einen anderen Ort zu liefern (Versendungskauf), trägt der Verkäufer die Kosten bis zur Versandstation (Bahnhof, Flughafen usw.) und der Käufer alle weiteren Kosten (§ 448 Abs. 1 BGB).

Von dieser gesetzlichen Regelung können die Vertragspartner im Rahmen des Kaufvertrags abweichende individuelle Regelungen treffen. Ihre Bezeichnungen nach Handelsbrauch:

Beförderungskosten/Beförderungsklauseln		
Beförderungsbedingungen	**Verkäufer am Versandort trägt:**	**Käufer am Empfangsort trägt:**
„ab Lager" „ab Werk"	–	• Die gesamten Beförderungskosten
„unfrei" „ab hier" „ab Berlin"	• Rollgeld (Kosten für die Beförderung vom Werk oder Lager bis zur Versandstation)	• Verladekosten, • Frachtkosten, • Entladekosten und • Rollgeld bis zum Empfänger
„frei Waggon"	• Rollgeld und • Verladekosten	• Frachtkosten, • Entladekosten und • Rollgeld
„frei dort" „frachtfrei" „frei Bahnhof dort"	• Rollgeld, • Verladekosten und • Fracht	• Entladekosten und • Rollgeld
„frei Werk" „frei Lager" „frei Haus"	• Die gesamten Beförderungskosten	–

Verpackungskosten

Die Kosten der Versandverpackung werden grundsätzlich vom Käufer getragen (§ 448 Abs. 1 BGB). Doch auch hier können die Parteien im Rahmen des Kaufvertrags detaillierte Regelungen treffen:

- **Preis einschließlich Transportverpackung:** Es erfolgt keine besondere Berechnung der Verpackungskosten.
- **Zusätzliche Berechnung der Verpackungskosten:** Der Verkäufer stellt zusätzlich zum Warenpreis den Verpackungspreis in Rechnung. Wenn die Möglichkeit besteht, die Verpackung zurückzugeben, werden die Kosten ganz oder teilweise erstattet.
- **Keine Berechnung von Verpackungskosten:** Der Käufer stellt die Transportverpackung selbst.

10.9.4 Zahlungsbedingungen

Im Rahmen der zu vereinbarenden Zahlungsbedingungen besteht die Möglichkeit, dass der Verkäufer dem Käufer Preisnachlässe anbietet.

Preisnachlässe
Skonto *ist ein Preisnachlass dafür, dass der Käufer ein ihm eingeräumtes Zahlungsziel (Zielkauf) nicht in Anspruch nimmt.*
Bonus *wird dem Käufer als nachträgliche Vergütung auf einen erzielten Umsatz (bestimmte Höhe) gewährt (z.B. am Jahresende).*
Rabatt *ist ein Preisnachlass, der dem Käufer aus verschiedenen Gründen gewährt wird.*
Rabattarten
- ***Barzahlungsrabatt**, bei sofortiger Bezahlung des Kaufpreises* - ***Mengenrabatt**, je nach dem Umfang einer Bestellung.* - ***Sonderrabatte** bei Einführung neuer Artikel, Geschäftsjubiläum usw.* - ***Naturalrabatte** werden als spezielle Form des Mengenrabatts gewährt. Der Käufer bezahlt die ursprünglich bestellte Menge, erhält aber als Rabatt weitere Stücke der Ware kostenlos dazu geliefert.*

10.9.5 Eigentumsvorbehalt

Sowohl beim Zielkauf als auch beim Ratenkauf wird üblicherweise zwischen dem Verkäufer und dem Käufer ein Eigentumsvorbehalt vereinbart. Der Verkäufer bleibt so lange Eigentümer der gelieferten Ware, bis der Kaufpreis vollständig bezahlt ist. Das heißt also, dass der Verkäufer Eigentümer und der Käufer Besitzer der Ware ist. Erst mit der vollständigen Zahlung des Kaufpreises geht das Eigentum auf den Käufer über (vgl. § 449 BGB).

10.9.6 Erfüllungsort

Am Erfüllungsort werden die Leistungen aus dem Kaufvertrag erbracht, d.h. der Verkäufer nimmt die Übergabe der Ware vor und der Käufer zahlt den Kaufpreis.

Eine wichtige Rolle spielt der Erfüllungsort für den Gefahrenübergang, also den Moment, in dem die Gefahr des Verlustes, der Beschädigung, des Verderbs oder des Untergangs der Ware von dem Verkäufer auf den Käufer übergeht. Dasselbe gilt für die Übergabe des Geldes vom Käufer an den Verkäufer.

Der gesetzliche Erfüllungsort

Nach der gesetzlichen Regelung ist der Erfüllungsort dort, wo der Schuldner seinen Wohnsitz oder gewerblichen Sitz hat (§ 269 BGB). Das bedeutet,

- der Erfüllungsort für die Warenlieferung ist der Wohn- bzw. Geschäftssitz des Verkäufers,
- der Erfüllungsort für die Zahlung ist der Wohn- bzw. Geschäftssitz des Käufers.

Je nachdem, um welche Leistung aus dem Kaufvertrag es geht, haben wir es also mit verschiedenen Erfüllungsorten zu tun.

Der vertraglich vereinbarte Erfüllungsort

Im Rahmen des Kaufvertrags haben die Vertragspartner die Möglichkeit, einen bestimmten Ort als Erfüllungsort zu vereinbaren. Bei den „Geschäften des täglichen Lebens" ist üblicherweise der Geschäftssitz des Verkäufers der Erfüllungsort für beide Leistungen.

Gefahrenübergang

Mit der Übergabe der Ware an den Käufer am Erfüllungsort geht auch die Gefahr des Verlustes, der Beschädigung, des Verderbs oder des Untergangs der Ware auf den Käufer über. Üblicherweise, aber nicht in allen Fällen, liegt der Erfüllungsort beim Verkäufer und es wird vielmehr unterschieden zwischen Holschuld, Bringschuld und Schickschuld.

> *„Warenschulden sind Holschulden", d.h. der Käufer hat die Ware beim Verkäufer abzuholen.*

Oft wird dem Käufer die Ware aber auf dessen Verlangen durch Lieferanten oder Spediteure geliefert. In diesem Fall trägt der Käufer jedoch das Transportrisiko, denn der Verkäufer hat bereits am Erfüllungsort seine Leistung aus dem Kaufvertrag erbracht, die Gefahr ist also auf den Käufer übergegangen. Wenn jetzt auf dem Transportweg die Ware beschädigt wird oder verdirbt, haftet der Verkäufer nicht dafür und der Käufer muss trotzdem den Kaufpreis zahlen. Der Käufer hat unter Umständen lediglich entsprechende Ansprüche gegen den Transporteur. Benutzt der Verkäufer allerdings einen eigenen Lieferwagen und trifft ihn bei Entstehung des Schadens ein Verschulden, haftet er dem Käufer für diesen Schaden.

In bestimmten Fällen ergibt sich aus dem Umstand des Kaufvertrags, dass die Ware erst beim Käufer übergeben werden kann, es handelt sich dann um eine Bringschuld. Typische Beispiele sind die Lieferung von Heizöl oder die Lieferung einer Ladung Sand. In diesen Fällen liegt der Erfüllungsort auch am Wohn- bzw. Geschäftssitz des Käufers und die Gefahr geht auch erst zu diesem Zeitpunkt auf den Käufer über.

Für die Zahlungsschuld des Käufers gilt eine Besonderheit. Der Erfüllungsort ist zwar der Wohn- bzw. Geschäftssitz des Käufers. Dieser ist aber verpflichtet, den Geldbetrag auf seine Gefahr an den Wohn- bzw. Geschäftssitz des Verkäufers zu übermitteln, es handelt sich um eine Schickschuld (§ 270 BGB). Das bedeutet einerseits, dass der Käufer die Übermittlung des Geldes (meistens eine Banküberweisung) von seinem Wohn- bzw. Geschäftssitz veranlassen kann, aber trotzdem das Übermittlungsrisiko für den Fall trägt, dass das Geld nicht beim Verkäufer ankommt. Im Falle der Banküberweisung trägt also der Käufer das Risiko bis zum Zeitpunkt des Geldeingangs bei der Bank des Verkäufers.

10.9.7 Der Gerichtsstand

Der Gerichtsstand ist der Ort, an dem die Parteien Rechtsstreitigkeiten über den Kaufvertrag (Nichtlieferung, mangelhafte Lieferung, nicht erfolgte Zahlung usw.) vor den dafür zuständigen Gerichten austragen können. Folgende Varianten werden unterschieden:

Gesetzlicher Gerichtsstand	Vertraglicher Gerichtsstand
Bei Streitigkeiten über die Ware ist der gesetzliche Gerichtsstand am Wohn- bzw. Geschäftssitz des Verkäufers, bei Streitigkeiten über den Kaufpreis entsprechend beim Käufer.	*Kaufleute können im Rahmen eines zweiseitigen Handelskaufs auch durch Allgemeine Geschäftsbedingungen einen Gerichtsstand vereinbaren (verifizieren). Eine entsprechende Vereinbarung zwischen einem Kaufmann und einer Privatperson bzw. einem Verbraucher ist unzulässig. Die „schwächere" Privatperson soll dadurch geschützt werden.*

	Nr.	Frage	Antwort
Aufgaben zur Selbstkontrolle	1.	*Was versteht man unter Allgemeinen Geschäftsbedingungen und unter welchen Bedingungen werden sie Bestandteil eines Vertrags?*	
	2.	*Was versteht man unter dem „Vorrang der Individualabrede"?*	
	3.	*Nennen Sie zwei Vertragsarten, für die ein Widerrufsrecht des Verbrauchers besteht.*	
	4.	*Ein Großhändler in Frankfurt verkauft an einen Einzelhändler in Köln eine Ladung Kräuterschnaps. Der Transport wird per LKW und Eisenbahn vorgenommen. Wie werden nach der gesetzlichen Regelung die Transportkosten verteilt?*	
	5.	*Was versteht man unter dem „Gefahrübergang" im Zusammenhang mit der Erfüllung des Kaufvertrags?*	

11   Störungen beim Kaufvertrag

Wie bereits in Kapitel 6 beschrieben, verpflichten sich die Vertragsparteien im Rahmen des Kaufvertrags (§ 433 BGB) zur Erbringung der vertraglichen Leistungen. Außerdem gilt:

- Der Verkäufer ist verpflichtet, die Sache rechtzeitig und mangelfrei zu liefern, sonst gerät er in Lieferungsverzug (Schuldnerverzug) bzw. unterliegt der Sachmängelhaftung.
- Der Käufer verpflichtet sich zur Annahme der Ware und zur Zahlung des Kaufpreises, da er sonst in Annahmeverzug (Gläubigerverzug) bzw. in Zahlungsverzug gerät.

Verstößt ein Vertragspartner gegen diese Verpflichtungen, kann der andere Schadensersatz verlangen.

Rechtsfolgen des Verzugs		
Schuldnerverzug § 286	**Zahlungsverzug § 286**	**Gläubigerverzug § 293**
Schuldner leistet nicht	*Schuldner zahlt nicht*	*Gläubiger nimmt die Lieferung nicht ab*
Beispiel: Die Warenlieferung erfolgt nicht, wie vereinbart, bis zum 15. des Monats (siehe Kapitel 11.1.5). Rechtsfolgen:	*Beispiel: Die Warenlieferung wird nicht, wie vereinbart, zum 31. des Monats bezahlt (siehe Kapitel 11.3.2). Rechtsfolgen:*	*Beispiel: Trotz Anmeldung ist der Käufer zum vereinbarten Liefertermin nicht in seinem Unternehmen, um die Ware entgegenzunehmen (siehe Kapitel 11.2.2). Rechtsfolgen:*
a) Schuldner muss Verzögerungsschaden tragen	*a) Schuldner muss Verzugszinsen und weiteren Verzögerungsschaden tragen*	*a) Die Kosten, die durch die nicht stattgefundene Lieferung entstanden sind, muss der Käufer (Gläubiger) tragen (siehe Kapitel 11.2.3)*
b) Gläubiger kann „Schadensersatz statt Leistung" verlangen	*b) Gläubiger kann „Schadensersatz statt Leistung" verlangen*	*b) Schuldner hat nur Vorsatz und grobe Fahrlässigkeit zu vertreten*
c) Gläubiger kann vom Kaufvertrag zurücktreten	*c) Gläubiger kann vom Kaufvertrag zurücktreten*	*c) Gefahr bei Gattungssachen geht auf den Gläubiger über*
		d) Schuldner kann Ware hinterlegen bzw. Selbsthilfeverkauf durchführen

11.1 Lieferungsverzug (Schuldnerverzug)

Zu den Pflichten des Verkäufers (Schuldners) gehört es, die vereinbarte Ware rechtzeitig zu liefern. Wird die Lieferung nicht oder nicht rechtzeitig vorgenommen, gerät er in Lieferverzug. Voraussetzungen für den Eintritt des Lieferungsverzugs sind:

- Fälligkeit der Leistung
- Mahnung
- Verschulden des Käufers
- Nachholbarkeit der Lieferung

11.1.1 Fälligkeit der Leistung

Unter Fälligkeit versteht man den Zeitpunkt, zu dem der Käufer gemäß Kaufvertrag die Leistung (Lieferung der Ware) verlangen kann.

Wenn die Parteien einen Fälligkeitszeitpunkt vereinbart haben, tritt die Verpflichtung des Käufers, die Lieferung vorzunehmen, zu diesem Zeitpunkt ein (im Kaufvertrag wurde z.B. geregelt: „Lieferung Ware erfolgt bis zum 15. April 20xx"). Wurde keine Vereinbarung getroffen, tritt die Fälligkeit sofort ein (§ 271 BGB).

11.1.2 Mahnung bei Lieferungsverzug

Trotz Fälligkeit muss der Käufer den Verkäufer mahnen, damit klargestellt wird, dass die Lieferung jetzt auch ernsthaft erfolgen soll (§ 286 Abs. 1 BGB). Eine Mahnung bei Lieferungsverzug ist jedoch nicht nötig (§ 286 Abs. 2 BGB), wenn

- die Lieferung kalendermäßig bestimmt ist oder
- die Lieferung kalendermäßig bestimmbar ist, also von einem Ereignis abgeleitet werden kann (z.B. wird im Kaufvertrag vereinbart: „Lieferung erfolgt innerhalb von zwei Wochen nach Zahlung des Kaufpreises") oder
- der Verkäufer die Leistung ernsthaft und endgültig verweigert; dabei spielt der Grund keine Rolle, sondern nur der Tatbestand (z.B. teilt der Verkäufer mit, dass er wegen eines Wasserschadens nicht liefert).

11.1.3 Verschulden

Der Verkäufer muss die Nichtlieferung der Waren zu vertreten (§ 286 Abs. 4 BGB), d.h. verschuldet haben. Ein Verschulden liegt vor, wenn der Verkäufer vorsätzlich oder fahrlässig gehandelt hat. Fahrlässig handelt, „wer die im Verkehr erforderliche Sorgfalt außer Acht lässt" (§ 276 Abs. 2 BGB). Einem Unternehmer wird das Verschulden seiner Mitarbeiter bzw. Erfüllungsgehilfen zugerechnet (§ 278 BGB). Nicht zu vertreten ist z.B. Nichtlieferung aufgrund von Naturkatastrophen, Streiks usw.

> **Beispiele**
>
> 1. *Der Lieferant verursacht aufgrund zu hoher Geschwindigkeit einen Verkehrsunfall, die Ware kann nicht geliefert werden.*
> 2. *Der Unfall wird durch einen Mitarbeiter des Lieferanten verursacht.*

11.1.4 Nachholbarkeit der Lieferung

Ist die Lieferung zu einem späteren Zeitpunkt noch möglich, spricht man von Verzögerung. Wenn die Leistung jedoch überhaupt nicht oder nicht mehr erfolgen kann, handelt es sich um Unmöglichkeit (vgl. § 275 BGB). In diesem Fall wird der Verkäufer von seiner Leistungspflicht befreit. Es bestehen aber unter Umständen Schadensersatzansprüche des Käufers.

11.1.5 Rechte des Käufers bei Lieferungsverzug

> *Bei einem Lieferungsverzug hat der Käufer grundsätzlich Anspruch auf Schadensersatz wegen Pflichtverletzung (§ 280 ff. BGB).*

Ist dem Käufer aufgrund der verzögerten Lieferung ein Schaden entstanden (Verzögerungsschaden), muss dieser vom Verkäufer wegen seiner Pflichtverletzung getragen werden. Wenn der Käufer die Sache z.B. zwischenzeitlich mit Gewinn hätte verkaufen können, muss der Verkäufer den Verlust übernehmen.

Darüber hinaus hat der Käufer die Möglichkeit, „Schadensersatz statt der Leistung" zu verlangen (vgl. § 281 BGB). Wenn der Verkäufer nicht liefert, kann der Käufer, nachdem er eine angemessene Frist zur Lieferung gesetzt hat, entsprechenden Schadensersatz für die nicht erfolgte Lieferung verlangen.

> *Hat der Käufer Schadensersatz statt der Leistung gefordert, kann er die Lieferung der Ware allerdings nicht mehr verlangen.*

Wenn der Käufer sich z.B., um seinerseits nicht vertragsbrüchig zu werden, bei einem anderen Händler eindecken musste (Deckungskauf), allerdings zu einem teurerem Einkaufspreis, kann er, nachdem er erfolglos eine angemessene Nachfrist zur Lieferung gesetzt hat, diesen Schadensersatz geltend machen (die Lieferung der Ware kann – und will – er jetzt nicht mehr verlangen).

Eine Alternative zum Schadensersatz besteht im Rücktritt vom Kaufvertrag (vgl. § 323 Abs. 1 BGB), z.B. wenn der Käufer die Ware bei einem anderen Händler zum gleichen Preis oder sogar günstiger kaufen kann. Unter der Voraussetzung, dass der Käufer dem Verkäufer erfolglos eine angemessene Nachfrist zur Lieferung gesetzt hat, kann er vom Kaufvertrag zurücktreten.

11.2 Annahmeverzug (Gläubigerverzug)

Wenn der Käufer die ihm angebotene Ware nicht abnimmt, verletzt er Pflichten aus dem Kaufvertrag, weil er zur Abnahme verpflichtet ist. Man spricht in diesem Fall vom Annahmeverzug oder auch Gläubigerverzug, da der Käufer in seiner Position als Gläubiger seiner Abnahmepflicht nicht nachkommt (§ 293 BGB).

Voraussetzungen des Annahmeverzugs sind:
- Fälligkeit der Leistung
- Angebot der Leistung
- Nichtannahme der Leistung

11.2.1 Fälligkeit der Leistung und Angebot der Leistung

Nur wenn die Lieferung der Ware tatsächlich fällig ist, liegt ein Annahmeverzug vor. Ist die Lieferung nicht für einen festgelegten Zeitpunkt vereinbart, muss sie vorher angekündigt werden. Die Lieferung muss dem Käufer

- zur richtigen Zeit,
- am richtigen Ort sowie
- in der richtigen Art und Weise (mangelfrei)

angeboten werden.

11.2.2 Nichtannahme der Leistung durch den Gläubiger

Bei der Nichtannahme der Leistung spielt es keine Rolle, ob der Käufer die Annahme verweigert („passt mir gerade nicht rein") oder ob die Lieferung nicht möglich ist, z.B. weil das Ladenlokal des Käufers geschlossen ist und der Verkäufer seine Ware nicht abgeben kann.

11.2.3 Die Rechte des Verkäufers beim Annahmeverzug

Durch den Annahmeverzug können für den Verkäufer, der seine Ware nicht abgeben kann, Probleme und Kosten entstehen. Verderbliche Ware muss der Verkäufer z.B. in einem Kühlhaus einlagern. Deshalb stehen ihm folgende Möglichkeiten zur Verfügung:

- **Bestehen auf Annahme der Ware:** Der Verkäufer kann nach wie vor auf Annahme der Ware gegenüber dem Käufer bestehen. Gegebenenfalls kann er ihn gerichtlich verklagen.
- **Hinterlegung:** Zwischenzeitlich kann der Verkäufer die Ware auf Kosten des Käufers in einem öffentlichen Lagerhaus oder in sonst sicherer Weise unterbringen. Beim Handelskauf kann jede Art von Ware hinterlegt werden (§ 373 HGB), beim bürgerlichen Kauf (siehe Kapitel 12.3.2) können nur Geld, Wertpapiere, Urkunden sowie sonstige Kostbarkeiten hinterlegt werden („hinterlegungsfähige Sachen" (§ 372 BGB)).
- **Selbsthilfeverkauf:** Der Verkäufer hat darüber hinaus auch die Möglichkeit, die Ware auf dem Wege des Selbsthilfeverkaufs zu veräußern (§ 373 HGB, §§ 383, 385 BGB).

- **Kostenerstattung:** Alle Kosten, die durch Hinterlegung bzw. Verkauf der Ware entstehen, sind vom Käufer zu tragen (§ 304 BGB).

11.2.4 Bedingungen für den Selbsthilfeverkauf

Beim Handelskauf kann jede Art von Ware veräußert werden, beim bürgerlichen Kauf dagegen nur Waren, die sich nicht zur Hinterlegung eignen (siehe oben).

Der so genannte Selbsthilfeverkauf muss dem Käufer angedroht (also mitgeteilt) werden. Diese Pflicht entfällt, wenn es sich um leicht verderbliche Waren wie Fisch, Obst oder Gemüse handelt (Notverkauf).

> *Der Selbsthilfeverkauf kann nicht vom Verkäufer selbst vorgenommen werden, vielmehr muss die Ware durch einen Gerichtsvollzieher oder einer anderen dazu befugten Person öffentlich versteigert werden.*

Ort und Zeitpunkt der Versteigerung müssen dem Käufer mitgeteilt werden, er kann auch mitbieten. Ein etwaiger Mehrerlös steht dem Käufer zu.

Waren mit einem Markt- oder Börsenpreis müssen nicht versteigert werden, sondern können durch einen öffentlich bestellten Handelsmakler freihändig verkauft werden.

11.2.5 Haftungssituation des Verkäufers während des Annahmeverzugs

Während des Annahmeverzugs ist der Verkäufer immer noch mit einer Ware belastet, die er eigentlich schon dem Käufer übergeben haben müsste. Es wäre unbillig, ihn mit dem gesamten Haftungsrisiko für diese Ware zu belasten. Aus diesem Grund gibt es spezielle Regelungen, die die Haftung des Verkäufers während des Annahmeverzugs einschränken:

- Der Verkäufer hat nur Vorsatz und grobe Fahrlässigkeit zu vertreten (§ 300 Abs. 1 BGB) und
- wenn es sich um eine Gattungssache handelt, geht die Gefahr für den zufälligen Untergang oder der zufälligen Verschlechterung der Ware auf den Käufer über (§ 300 Abs. 2 BGB).

> **Beispiele**
>
> 1. Nachdem der Lieferant das Geschäftslokal des Käufers verschlossen vorgefunden hatte (Gläubigerverzug ist eingetreten), stolpert er auf dem Rückweg zu seinem Fahrzeug (leicht fahrlässig) und die Ware geht kaputt. Der Verkäufer braucht in diesem Fall keine neue Ware zu liefern und kann trotzdem die Zahlung des Kaufpreises verlangen.
> 2. Nachdem Gläubigerverzug eingetreten ist, schlägt ein Blitz in das abgestellte Fahrzeug mit der Gattungsware ein. Die Ware verbrennt. Der Verkäufer braucht auch hier keine neue Ware zu beschaffen und der Käufer muss dennoch den Kaufpreis zahlen.

11.3   Zahlungsverzug

Zahlungsverzug tritt ein, wenn der Käufer seine Zahlungspflicht aus dem Kaufvertrag nicht erfüllt. Es handelt sich, da der Käufer die Zahlung des Kaufpreises schuldet, um einen Sonderfall des Schuldnerverzugs. Die Voraussetzungen sind ähnlich wie beim Lieferungsverzug (siehe Kapitel 11.1).

Allerdings tritt der Verzug auch ohne Verschulden des Käufers ein, da es sich bei der Zahlungspflicht des Käufers um eine so genannte Wertverschaffungspflicht handelt, für die der Schuldner immer einzustehen hat („Geld muss man immer haben").

Voraussetzungen für den Zahlungsverzug (§ 286 BGB) sind die Fälligkeit des Kaufpreises und die Mahnung.

11.3.1   Mahnung bei Zahlungsverzug

Die Mahnung bei Zahlungsverzug ist wie beim Lieferungsverzug entbehrlich, wenn der Zahlungszeitpunkt kalendermäßig bestimmt oder bestimmbar ist oder wenn der Käufer die Zahlung ernsthaft und endgültig verweigert (§ 286 Abs. 2 BGB). Darüber hinaus tritt bei einer Geldschuld nach Ablauf von 30 Tagen nach Erhalt von Rechnung oder gleichwertiger Zahlungsaufforderung automatisch Zahlungsverzug ein. Ist der Schuldner allerdings Verbraucher, tritt Zahlungsverzug automa-

tisch nur ein, wenn auf die Folgen in der Rechnung oder der Zahlungsaufstellung hingewiesen wird (§ 286 Abs. 3 BGB).

11.3.2 Rechtsfolgen des Zahlungsverzugs

Durch Zahlungsverzug entstehen aufseiten des Verkäufers Schadensersatzansprüche. Der Schaden liegt darin, dass der Verkäufer nicht, wie
im Rahmen des Kaufvertrags vereinbart, über das Geld verfügen kann.
Der Verkäufer kann Schadensersatz wegen Pflichtverletzung für den
Verzögerungsschaden geltend machen (§ 280 BGB), im Einzelnen:

Verzugszinsen
Ab dem Zeitpunkt des Verzugs kann der Verkäufer Verzugszinsen
(„pauschalierter Schadensersatz") in Höhe von fünf Prozentpunkten
über dem Basiszins verlangen (§ 288 Abs. 1 BGB). Die Höhe des Basis-
zinssatzes wird jeweils zum 1. Januar und 1. Juli eines Jahres neu festgelegt. Er errechnet sich aus den Zinssätzen, die die Europäische Zentral-
bank für ihre Hauptrefinanzierungsoperationen festlegt (§ 247 BGB).

> *Wenn es sich um Rechtsgeschäfte handelt, an denen ein*
> *Verbraucher nicht beteiligt ist (z.B. unter Kaufleuten), liegt*
> *der Zinssatz acht Prozentpunkte über dem Basiszinssatz*
> *(§ 288 Abs. 2 BGB).*

Verzugsschaden
Wenn der Verkäufer einen Kredit aufgenommen oder sein Konto über-
zogen hat, kann er die höheren Zinsen ebenfalls als Schadensersatz geltend machen, ebenso die Mahnkosten und die Kosten der Rechtsverfol-
gung (Kosten für Inkassounternehmen und Beauftragung eines
Rechtsanwalts).

Schadensersatz statt der Leistung
Wenn der Verkäufer dem Käufer eine angemessene Frist zur Zahlung
gesetzt hat, kann er Schadensersatz statt der Leistung verlangen (§ 281
BGB). Diese Möglichkeit wählt der Verkäufer, wenn er die Ware ander-
weitig, allerdings zu einem geringeren Preis, verkaufen kann. Die Diffe-
renz zum ursprünglichen Kaufpreis kann der Verkäufer als Schadensersatz vom Käufer verlangen.

Rücktritt vom Kaufvertrag

> *Nach Setzung einer angemessenen Nachfrist zur Zahlung*
> *kann der Verkäufer vom Kaufvertrag zurücktreten (§ 323*
> *Abs. 1 BGB).*

Diese Möglichkeit kann für den Verkäufer die sinnvollste sein, wenn er erfährt, dass der Käufer zahlungsunfähig ist. In diesem Fall wird der Kaufvertrag rückabgewickelt und der Verkäufer kann wenigstens die Ware zurückverlangen.

Die Setzung der Nachfrist im Zusammenhang mit der Geltendmachung des Schadensersatzes und des Rücktritts vom Kaufvertrag ist nicht notwendig („Entbehrlichkeit der Nachfristsetzung"), wenn:

- der Käufer die Zahlung ernsthaft und endgültig verweigert
- es sich um einen Fixhandelskauf handelt (§ 376 HGB)

Die Regelungen zum Verzug (insbesondere Zahlungsverzug) finden auch auf die anderen Vertragsarten Anwendung. Zahlungsverzug liegt auch z.B. vor, wenn der Mieter die Miete für seine Wohnung oder der Arbeitgeber seinen Arbeitnehmer nicht bezahlt. Es gelten dieselben Vorschriften. Auch stehen den Gläubigern bei Schuldnerverzug entsprechende Rechte (Schadensersatz, Rücktritt) zu, z.B. wenn der Vermieter die vermietete Wohnung nicht zur Verfügung stellt.

	Nr.	Frage	Antwort
Aufgaben zur Selbstkontrolle	1.	*Was sind die Voraussetzungen des Zahlungsverzugs?*	
	2.	*In welchen Fällen ist eine Mahnung für den Eintritt des Zahlungsverzugs nicht nötig?*	
	3.	*Der Wirt eines Gasthauses hat eine Getränkelieferung nicht bezahlt, obwohl der Rechnungsbetrag zum 10. des Monats fällig war. Ist Zahlungsverzug eingetreten? Welche Ansprüche hat der Getränkegroßhändler?*	
	4.	*Welche Rechte hat der Verkäufer einer Ware bei Vorliegen des Gläubigerverzugs?*	

12   Ansprüche bei Lieferung von mangelhafter Ware

Der Verkäufer ist verpflichtet, die verkaufte Sache frei von Sach- und Rechtsmängeln zu übereignen (§ 433 Abs. 1 BGB). Wenn die Ware mangelhaft ist, stehen dem Käufer Ansprüche auf Beseitigung des Mangels und Schadensersatzansprüche zu.

Es gibt verschiedene Arten von Mängeln (§§ 434, 435 BGB), dazu folgende Übersicht:

Arten von Mängeln	
Art	**Beispiel**
• *Fehlen der vereinbarten Beschaffenheit: Die Vertragsparteien haben im Kaufvertrag eine Beschaffenheit der Ware vereinbart. Wenn diese fehlt, liegt ein Mangel im Sinne des Gesetzes vor.*	*Im Kaufvertrag wird dem Käufer zugesichert, dass der Camping-schlafsack bei einer Kälte bis zu minus 15 Grad benutzt werden kann.*
• *Die Sache eignet sich nicht für die nach Vertrag vorausgesetzte Verwendung.*	*Für einen Hausbau müssen die einzubauenden Türen und Fenster eine bestimmte Größe haben.*
• *Die Sache eignet sich nicht für die gewöhnliche Verwendung, die bei Sachen gleicher Art üblich ist und die der Käufer nach der Art der Sache erwarten kann.*	*Ein Bücherregal ist zu schwach gebaut, sodass darin keine Bücher aufbewahrt werden können. Eine gekaufte Waschmaschine ist defekt und funktioniert nicht.*
• *In der Werbung des Verkäufers oder des Herstellers werden Zusicherungen gemacht oder bestimmte Eigenschaften der Ware mitgeteilt oder angepriesen. Bei Fehlen dieser Eigenschaften liegt ein Mangel vor, es sei denn, es handelt sich um übertriebene Werbeanpreisungen.*	*Ein Kaufhaus wirbt in Zeitungen mit den Daten seiner PCs (Größe von Festplatte, Arbeitsspeicher). Treffen diese Angaben nicht zu, liegt ein Mangel im Sinne des Gewährleistungsrechts vor, selbst wenn der Computer einwandfrei funktioniert.*

• Eine vom Verkäufer vorgenommene *unsachgemäße Montage* der verkauften Sache. Als Mangel gilt auch: Die Montageanleitung ist fehlerhaft, sodass der Zusammenbau der Sache nicht gelingt.	Die vom Möbelhaus gelieferte Küche ist zwar in Ordnung, wird aber durch den Verkäufer derart montiert, dass sie nicht funktioniert.
• Eine andere Sache oder eine zu geringe *Menge* wird geliefert.	
• Ein *Rechtsmangel* (§ 435 BGB) liegt vor, wenn andere („Dritte") in Bezug auf die Sache gegenüber dem Käufer Rechte geltend machen könnten. Rechtsmängel werden rechtlich genauso behandelt wie Sachmängel.	Ein Verkäufer verkauft Raubkopien von CDs. Ein Dieb verkauft das gestohlene Notebook.

Wenn ein Sach- oder ein Rechtsmangel vorliegt, stehen dem Käufer folgende Rechte zu (§ 437 BGB):

- Der Käufer kann Nacherfüllung verlangen,
- vom Vertrag zurücktreten,
- den Kaufpreis mindern,
- Schadensersatz fordern oder
- Ersatz von vergeblichen Aufwendungen verlangen.

Um diese Rechte geltend zu machen, muss der Käufer die gesetzlichen Rügefristen einhalten und es darf kein Mangelausschluss vorliegen (siehe Kapitel 12.3).

12.1 Nacherfüllung

Bei Vorliegen eines Mangels kann der Käufer nach seiner Wahl die Beseitigung des Mangels (Nachbesserung, Reparatur) oder die Lieferung einer mangelfreien Sache (Ersatz, Umtausch) verlangen (§ 439 Abs. 1 BGB).

Allerdings hat der Käufer kein Wahlrecht, wenn eine Variante unverhältnismäßig hohe Kosten verursacht (§ 439 Abs. 3 BGB).

Beispiele

Der Käufer einer defekten Kaffeemaschine zu einem Kaufpreis von 20,00 Euro kann keine aufwändige und kostenintensive Reparatur verlangen. Er muss akzeptieren, dass das Gerät umgetauscht wird.

„Der Verkäufer hat die zum Zwecke der Nacherfüllung erforderlichen Aufwendungen, insbesondere Transport- Wege-, Arbeits- und Materialkosten zu tragen." (§ 439 Abs. 2 BGB)

12.2   Minderung des Kaufpreises und Rücktritt vom Kaufvertrag

Wenn die Nacherfüllung scheitert, weil z.B. eine Reparatur nicht möglich ist, ein Ersatzstück nicht besorgt werden kann oder die Kosten für den Verkäufer unverhältnismäßig hoch sind, stehen dem Käufer wahlweise diese Möglichkeiten zur Verfügung (vgl. §§ 440, 441 BGB):

* Minderung des Kaufpreises (Herabsetzung) oder
* Rücktritt vom Kaufvertrag (Geld zurück – Ware zurück)

Beispiele

Der Käufer wird im Falle eines nicht funktionierenden Fernsehers den gezahlten Kaufpreis zurückverlangen. Wenn der Fernseher lediglich einen „Kratzer" hat, wird er den Kaufpreis vielleicht mindern, weil er den Fernseher, auch wenn er nicht so schön aussieht, durchaus nutzen kann.

Darüber hinaus kann der Käufer weitere Rechte geltend machen, nämlich Schadensersatz oder den Ersatz vergeblicher Aufwendungen. Es kann vom Verkäufer verlangt werden, den Schaden, der durch die mangelhafte Sache verursacht wurde (Mangelfolgeschaden), zu ersetzen (vgl. § 437 Ziff. 3 BGB), z.B. wenn die Wäsche des Käufers durch eine defekte Waschmaschine zerrissen wurde.

Hatte der Käufer im Vertrauen auf die Lieferung der mangelfreien Sache Aufwendungen, kann er diese Kosten vom Käufer als Schadensersatz zurückverlangen (§ 437 Ziff. 3 BGB).

Beispiele

Die neue Waschmaschine ist mangelhaft und eine Nachbesserung nicht möglich. Wenn der Käufer vom Kaufvertrag zurücktritt, kann er die nutzlosen Installationen in seiner Küche, die für eine andere Maschine nicht mehr passen, als vergebliche Aufwendungen angeben.

12.3   Rügefristen bei Mängelansprüchen

Gewährleistungsansprüche können nur innerhalb bestimmter Zeiträume gegenüber dem Verkäufer geltend gemacht werden. Je nach Art des Rechtsgeschäfts und nach Art der Beteiligten gelten verschiedene Rügefristen.

Darüber hinaus können die Vertragspartner im Rahmen des Kaufvertrags individuelle Regelungen treffen oder sogar einen Gewährleistungsausschluss vereinbaren.

12.3.1 Rügefristen nach Art des Rechtsgeschäfts

Innerhalb dieser Fristen muss der Käufer die Mängel gegenüber dem Verkäufer rügen.

Wenn diese Fristen nicht eingehalten werden, verliert der Käufer seine Gewährleistungsansprüche.

Verjährungsfristen von Mängelansprüchen	
Die wichtigsten Rügefristen (§§ 438, 475 BGB)	
Kauf allgemein, Mindestfrist beim Verbrauchsgüterkauf	2 Jahre
Verbrauchsgüterkäufe über gebrauchte Sachen	(mind.) 1 Jahr
Mängel, die vom Verkäufer arglistig verschwiegen werden	3 Jahre
Bei Bauwerken und bei Sachen, die für ein Bauwerk verwendet worden sind	5 Jahre

12.3.2 Rügefristen nach Art der beteiligten Personen

Verbrauchsgüterkauf (§§ 474 ff. BGB)

Wenn ein Verbraucher bei einem Unternehmer eine bewegliche Sache kauft, handelt es sich um einen Verbrauchsgüterkauf. Für diese Rechtsgeschäfte gelten Sonderregelungen, die den Verbraucher schützen sollen.

> *Es gilt eine Gewährleistungsfrist von zwei Jahren, die weder durch AGB noch durch individuelle Vereinbarungen im Kaufvertrag unterschritten werden darf (zwingendes Recht).*

Das bedeutet, dass bei den allgemeinen Kaufverträgen (Fernseher, Möbel usw.) immer diese Mindestrügefrist eingehalten werden muss.

Während der ersten sechs Monate nach dem Kauf gilt bezüglich der zweijährigen Verjährungsfrist die so genannte Beweislastumkehr, d.h. entgegen den üblichen Beweisregeln in einem gerichtlichen Verfahren, wonach der Käufer beweisen muss, dass die Sache beim Kauf mangelhaft war, muss hier der Verkäufer beweisen, dass die Sache beim Kauf mangelfrei war. Der Verbraucher ist also in dieser Zeit bei der Darlegung des Mangels in der vorteilhafteren Situation. In den restlichen 18 Monaten der Rügefrist muss dagegen der Käufer beweisen, dass die Sache beim Kauf nicht in Ordnung war (vgl. § 475 Abs. 2 BGB).

Beispiele

Ein Kunde kauft sich ein neues Notebook und merkt zu Hause, dass es nicht funktioniert. Er wird wahrscheinlich keine Probleme haben, den Mangel zu rügen. Zeigt sich dagegen erst nach einem Dreivierteljahr ein Funktionsfehler, könnte der Verkäufer vermuten, dass der Kunde den Schaden selbst verursacht hat, und die Nachbesserung verweigern. Der Kunde müsste in diesem Fall beweisen, dass das Notebook bereits beim Kauf mangelhaft war.

> *Bei einem Verbrauchsgüterkauf über gebrauchte Sachen muss mindestens eine Rügefrist von einem Jahr gewahrt werden (§ 475 Abs. 2 BGB).*

Bürgerlicher Kauf

Bei einem Kaufvertrag zwischen Privatleuten, dem sog. bürgerlichen Kauf, gilt grundsätzlich auch die gesetzliche zweijährige Gewährleistungsfrist. Im Rahmen des Kaufvertrags können Käufer und Verkäufer aber auch andere Regelungen treffen. Sie können auch jegliche Gewährleistung ausschließen (z.B. mit der Klausel „gekauft wie besichtigt" beim privaten Verkauf eines Fahrrads, von Spielzeug usw.).

Handelskauf (§ 377 HGB)

Bei einem beiderseitigen Handelsgeschäft, also wenn beide Parteien Kaufleute sind, hat der Käufer die Ware bei Lieferung unverzüglich zu untersuchen und etwaige offene Mängel zu rügen. Kommt er dieser Pflicht nicht nach, gilt die Lieferung als genehmigt und er kann sie später nicht mehr beanstanden.

- Bei einem Platzkauf (Käufer und Verkäufer wohnen am selben Ort) kann der Käufer die Annahme der Ware verweigern und sie sofort zurückschicken.
- Bei einem Distanzkauf (Käufer und Verkäufer wohnen an unterschiedlichen Orten), muss der Käufer die Ware für den Verkäufer bis zur Abholung aufbewahren (§ 379 HGB).

Bei einem nicht erkennbaren Mangel muss die Rüge unverzüglich nach seiner Entdeckung, allerdings innerhalb der zweijährigen Rügefrist erfolgen. Mängel, die vom Verkäufer arglistig verschwiegen werden, verjähren nach Ablauf von drei Jahren.

12.4 Gewährleistungsausschluss und Garantieversprechen

Außer im Fall der zwingenden Regelungen beim Verbrauchsgüterkauf können die Parteien im Rahmen eines Kaufvertrags durchaus andere Gewährleistungsvereinbarungen treffen als durch das Gesetz vorgesehen. Wenn kein Verbraucher am Kauf beteiligt ist, können sowohl Gewährleistungsansprüche ausgeschlossen („Vertrag unter Ausschluss jeglicher Gewährleistung") als auch andere Fristen festgelegt werden. Die gesetzliche Regelung würde nur dann herangezogen werden, wenn die Partner keine individuellen Vereinbarungen getroffen haben.

Des Weiteren können Verkäufer oder auch Hersteller eine Garantie für die Beschaffenheit einer Sache oder Teile einer Sache über den Rahmen der gesetzlichen Vorschriften hinaus für einen bestimmten Zeitraum übernehmen (§ 443 BGB).

	Beispiele

Ein Autohersteller übernimmt gegen das Durchrosten der Karosserie seiner Fahrzeuge eine Garantie für einen Zeitraum von sieben Jahren.

	Nr.	Frage	Antwort
Aufgaben zur Selbstkontrolle	1.	*Ein Kunde hat im Fachhandel ein Notebook gekauft, das schon nach einer Woche nicht mehr funktioniert. Er ist enttäuscht und möchte sein Geld zurück. Kann er das verlangen? Welche Probleme könnte es geben, wenn der Fehler erst nach einem Dreivierteljahr auftritt?*	
	2.	*Was ist ein Verbrauchsgüterkauf?*	
	3.	*Welche besonderen Regelungen gelten im Zusammenhang mit dem Mängelgewährleistungsrecht und dem Verbrauchsgüterkauf?*	
	4.	*Erläutern Sie die Mängelgewährleistungsfristen im Einzelnen.*	
	5.	*Was versteht man unter Nachbesserung?*	

13 Die außergerichtliche und die gerichtliche Geltendmachung von Forderungen

Wenn der Käufer seiner Zahlungsverpflichtung aus dem Kaufvertrag nicht nachkommt oder wenn der Verkäufer die Ware nicht liefert, muss sich der jeweilige Gläubiger – wenn es um den Kaufpreis geht, ist der Verkäufer der Gläubiger und der Käufer der Schuldner, bei dem Anspruch auf Lieferung ist der Käufer der Gläubiger und der Verkäufer der Schuldner – bemühen, den Schuldner zur Leistung zu bewegen.

Er wird zunächst im Rahmen des außergerichtlichen Mahnverfahrens (des kaufmännischen Mahnverfahrens) die Gegenpartei zur Leistung auffordern.

Sollten diese außergerichtlichen Bemühungen zu keinem Erfolg führen, kann der Verkäufer den Kaufpreis mit gerichtlicher Hilfe, und zwar mit dem gerichtlichen Mahnverfahren oder mit dem Klageverfahren geltend machen. Der Käufer hat lediglich die Möglichkeit des Klageverfahrens, um die Lieferung der gekauften Ware gerichtlich durchzusetzen.

> *Ziel dieser gerichtlichen Verfahren ist, dass der Gläubiger in den Besitz eines Titels (Urteils oder Vollstreckungsbescheides) gelangt.*

Hierbei handelt es sich um eine Urkunde, mit der der Gläubiger die Zwangsvollstreckung gegen den Schuldner betreiben kann.

13.1 Das außergerichtliche Mahnverfahren

Im Rahmen des außergerichtlichen Mahnverfahrens, für das es keinerlei gesetzliche Regelungen gibt, bemüht sich der Gläubiger üblicherweise in mehreren Stufen, den Schuldner zur Zahlung bzw. Lieferung der Ware aufzufordern. Dabei besteht Formfreiheit. Der Gläubiger wird aber in der Regel aus Beweisgründen die Schriftform wählen.

Anfangs wird er verbindliche (d.h. freundliche, die Geschäftsbeziehung nicht belastende) Formulierungen wählen, da nicht auszuschließen ist, dass der Schuldner den Zahlungszeitpunkt tatsächlich nur versäumt hat, und der Gläubiger die Geschäftsbeziehungen zu seinem Kunden nicht durch übermäßig scharfe Formulierungen gefährden will. Innerhalb der einzelnen Mahnstufen wird er den Ton der Zahlungsaufforderungen verschärfen.

In den Fällen, in denen durch die (erste) Mahnung Verzug ausgelöst wird (siehe Kapitel 11.3.1), darf der Gläubiger für diese Mahnung keine Mahngebühren erheben, da noch kein Verzug vorliegt. Dies gilt dann nicht für die weiteren Mahnungen bzw. die Mahnungen, bei denen bereits aus anderen Gründen Verzug vorliegt (siehe Kapitel 11).

Die einzelnen Mahnstufen	
1. Stufe = Erinnerungs-schreiben	*Die erste Zahlungsaufforderung gilt noch nicht als Mahnung, sondern als Zahlungserinnerung. Oft wird eine Kopie der Rechnung übersandt, mit der kurzen Bitte um Ausgleich.*
2. Stufe = 1. Mahnung	*Im Rahmen dieser 1. Mahnung wird der Schuldner darauf hingewiesen, dass der Rechnungsbetrag noch nicht bezahlt ist und zur Zahlung des Betrages innerhalb einer bestimmten Frist aufgefordert.*
3. Stufe = 2. Mahnung	*Der Schuldner wird darauf hingewiesen, dass die erste Mahnung ohne Erfolg war, dass weitere Kosten entstehen werden und noch einmal zur Zahlung innerhalb einer bestimmten Frist aufgefordert. Unter Umständen werden gerichtliche Maßnahmen angedroht oder die Einschaltung eines Inkassounternehmens.*
4. Stufe = 3. Mahnung	*Es wird unter Hinweis auf die bisherigen erfolglosen Bemühungen, eine letzte Zahlungsfrist gesetzt, mit dem Hinweis, dass nach deren Ablauf ohne weitere Mahnungen gerichtliche Schritte eingeleitet werden.*

Unter Umständen beauftragt der Gläubiger nach der zweiten oder dritten Mahnung ein Inkassounternehmen mit der weiteren Einziehung der Forderung. Dies sind Unternehmen, die gewerbsmäßig Forderungen für andere einziehen. Der Vorteil für den Gläubiger bei dieser Möglichkeit liegt darin, dass er arbeits- und kostenmäßig entlastet und die Einziehung professionell bearbeitet wird.

13.2   Das gerichtliche Mahnverfahren (§§ 688 – 703 d Zivilprozessordnung (ZPO))

Wenn der Gläubiger mit Hilfe des außergerichtlichen Mahnverfahrens keinen Erfolg hat, kann er auf dem Wege des Klageverfahrens gegen den Schuldner vorgehen. Soweit es sich um eine Geldforderung (also den Kaufpreis) handelt, hat er wahlweise auch die Möglichkeit, das gerichtliche Mahnverfahren durchzuführen.

Das gerichtliche Mahnverfahren ist gegenüber dem Klageverfahren schneller und kostengünstiger, da es sich um ein schriftliches Verfahren (ohne Gerichtsverhandlung) handelt, welches mit EDV bearbeitet wird.

Im Verlauf des gerichtlichen Mahnverfahrens wird dem Schuldner ein Mahnbescheid zugestellt, in dem er durch das Gericht zur Zahlung aufgefordert wird. Reagiert er auf diesen Bescheid nicht und leistet keine Zahlung, kann der Gläubiger nach Ablauf einer Frist von zwei Wochen beim Gericht einen Vollstreckungsbescheid beantragen. Der Vollstreckungsbescheid ist, wie ein Gerichtsurteil, ein vollstreckbarer Titel, mit dem der Gläubiger die Zwangsvollstreckung gegen den Schuldner durchführen kann.

Beantragung des Mahnbescheids
Der Gläubiger (im Mahnverfahren als Antragsteller bezeichnet) muss das amtliche Formular „Antrag auf Erlass eines Mahnbescheids" ausfüllen, das im Schreibwarenhandel erhältlich ist.
Er muss im Wesentlichen folgende Angaben machen:

1. *Name und Anschrift des Antragstellers und des Antragsgegners*
2. *Bezeichnung des Anspruchs (Grund und Höhe der Forderung), etwaige Zinsen und Mahnkosten*
3. *Angabe des Gerichts, bei dem im Falle des Widerspruchs das streitige Verfahren durchgeführt werden soll*
4. *Die Erklärung des Antragstellers, dass die Gegenleistung (z.B. Warenlieferung) schon erbracht ist*
5. *Unterschrift des Antragstellers*

Der Antrag muss beim zuständigen Mahngericht, also beim Amtsgericht, in dessen Bezirk der Antragsteller seinen Wohn- oder Geschäftssitz hat, eingereicht werden. Die Kosten für dieses Verfahren (Gerichtskosten und die Kosten für den vom Antragsteller eventuell beauftragten Rechtsanwalt) werden im Rahmen der Kostenaufstellung des Mahnbescheids dem Antragsgegner in Rechnung gestellt.

Im Verlauf des Mahnverfahrens hat der Antragsgegner die Möglichkeit, gegen den Mahnbescheid Widerspruch bzw. gegen den Vollstreckungsbescheid Einspruch einzulegen (siehe folgendes Schaubild). Er kann damit erreichen, dass die Angelegenheit im Rahmen eines Klageverfahrens vor dem zuständigen Prozessgericht überprüft wird und somit auch er im Termin zur mündlichen Verhandlung die Möglichkeit hat, seine etwaigen Argumente gegen die Forderung vorzubringen. Der Ablauf des Mahnverfahrens ist im folgenden Schaubild dargestellt.

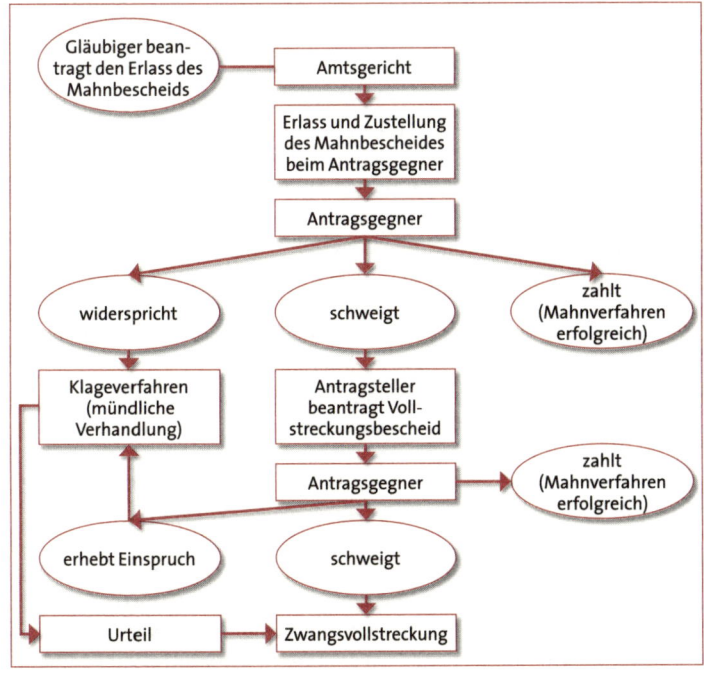

Gerichtliches Mahnverfahren

13.3   Klageverfahren

Durch die Einlegung des Widerspruchs gegen den Mahnbescheid bzw. Einspruchs gegen den Vollstreckungsbescheid kann der Antragsgegner erreichen, dass durch ein gerichtliches Klageverfahren die Einwendungen des Antragsgegners geprüft werden und das Gericht nach einer mündlichen Verhandlung durch Urteil entscheidet.

Diese Möglichkeit des Klageverfahrens besteht für den Gläubiger grundsätzlich, er kann also zwischen gerichtlichem Mahnverfahren und Klageverfahren wählen. Zweckmäßigerweise wird der Gläubiger das (kostspieligere und aufwändigere) Klageverfahren dann wählen, wenn er von vornherein annehmen muss, dass der Schuldner sich gegen die Forderung wehren wird und es durch den Widerspruch/Einspruch in jedem Fall zum Klageverfahren kommen würde.

Zuständig für das Klageverfahren ist bei einem Streitwert bis zu 5.000,00 Euro das Amtsgericht, bei einem höheren Streitwert das Landgericht, in dessen Bezirk der Schuldner seinen Wohn- bzw. Geschäftssitz hat. Bei einem Verfahren vor dem Landgericht müssen Kläger und Beklagter (so heißen in diesem Verfahren Gläubiger und Schuldner) von einem Rechtsanwalt vertreten werden.

Die Klageerhebung erfolgt durch Einreichung einer Klageschrift beim Gericht, die dem Beklagten zugestellt wird. Der Beklagte hat Gelegenheit, schriftlich Stellung zu nehmen. Im dann folgenden Termin zur mündlichen Verhandlung versucht das Gericht gegebenenfalls eine gütliche Einigung herbeizuführen. Gelingt dies nicht, wird der Fall streitig erörtert, eventuell werden im Rahmen der Beweisaufnahme Zeugen oder Sachverständige gehört. Nach Abschluss der mündlichen Verhandlung entscheidet das Gericht durch Urteil.

Erscheint eine Partei im Termin zur mündlichen Verhandlung nicht, kann gegen sie ein Versäumnisurteil ergehen.

Im Laufe der gesamten Verhandlung können sich die Parteien gütlich einigen und einen Prozessvergleich schließen.

Wenn die unterlegene Partei mit dem Urteil nicht einverstanden ist, hat sie die Möglichkeit, diese Entscheidung mit dem Rechtsmittel der Berufung in einem weiteren Verfahren überprüfen zu lassen. Unter bestimmten Umständen ist noch ein weiteres Rechtsmittel zur nächsten Instanz, der Revision, möglich.

13.4 Die Zwangsvollstreckung

Mit einem Titel (Vollstreckungsbescheid, Urteil) kann der Gläubiger mit staatlicher Hilfe (Gericht, Gerichtsvollzieher) die Zwangsvollstreckung gegen den Schuldner betreiben, also auch gegen den Willen des Schuldners seine Forderung durchsetzen.

Die Zwangsvollstreckung kann sich gegen folgende Vermögenswerte des Schuldners richten:

- **Zwangsvollstreckung in das bewegliche Vermögen:** Der Gerichtsvollzieher wird beauftragt, den Schuldner in seiner Wohnung oder in seinen Geschäftsräumen aufzusuchen und Sachen zu pfänden. Geld, Wertpapiere, Schmuck nimmt der Gerichtsvollzieher mit. Andere Sachen (Möbel, größere Gegenstände) werden mit einem Pfandsiegel versehen und später abgeholt. Die Gegenstände, die der Schuldner mindestens zum Leben benötigt, wie Bett, Schrank, Kleidung, Haushaltsgeräte und die Sachen, die er zur Berufsausübung benötigt, dürfen nicht gepfändet werden. Die gepfändeten Sachen werden durch den Gerichtsvollzieher öffentlich versteigert und von dem Erlös wird die Forderung des Gläubigers beglichen.
- **Zwangsvollstreckung in Forderungen:** Auf Antrag des Gläubigers beim Vollstreckungsgericht wird ein Pfändungs- und Überweisungsbeschluss erlassen, der es dem Gläubiger ermöglicht, Arbeitseinkommen, Bankkonto, Lebensversicherung usw. des Schuldners zu pfänden. Das gepfändete Geld darf nicht an den Schuldner ausbezahlt werden, sondern wird dem Gläubiger überwiesen. Von einem gepfändeten Arbeitseinkommen muss dem Schuldner aber so viel gelassen werden (ca. 1.000,00 Euro pro Monat), dass er seinen dringendsten Lebensbedarf bestreiten kann.
- **Zwangsvollstreckung in unbewegliches Vermögen:** Besitzt der Schuldner ein Grundstück oder eine Eigentumswohnung, kann der Gläubiger die Zwangsversteigerung des Objekts beim Vollstreckungsgericht beantragen. Wenn das Grundstück Erträge abwirft, z.B. Mieten oder Pacht, kann die Zwangsverwaltung angeordnet werden. Die Erträge werden an den Gläubiger abgeführt.

Die eidesstattliche Versicherung

Wenn die Zwangsvollstreckung in das bewegliche Vermögen erfolglos bleibt, will der Gläubiger in Erfahrung bringen, ob nicht noch andere Vermögenswerte vorhanden sind, die eventuell gepfändet werden können. Aus diesem Grund kann der Gläubiger vom Schuldner verlangen, ein Vermögensverzeichnis anzufertigen und an Eides statt zu versichern, dass die Angaben wahr und vollständig sind. Die Abgabe der eidesstattlichen Versicherung wird in das Schuldnerverzeichnis eingetragen, welches beim Amtsgericht geführt wird. Hier können sich andere Gläubiger oder auch potenzielle Geschäftspartner informieren und ebenfalls das Vermögensverzeichnis einsehen.

Vor Ablauf von drei Jahren kann eine erneute eidesstattliche Versicherung nicht verlangt werden.

Wenn der Schuldner zum Termin zur Abgabe der eidesstattlichen Versicherung nicht erscheint oder sich weigert, die eidesstattliche Versicherung abzugeben, kann der Gläubiger beim Vollstreckungsgericht einen Haftbefehl beantragen. Er kann für bis zu einem halben Jahr in die Haftanstalt eingeliefert werden, um die Abgabe der eidesstattlichen Versicherung zu erzwingen. Gibt der Schuldner die eidesstattliche Versicherung ab, wird er freigelassen.

Hat der Gläubiger mit seinen Zwangsvollstreckungsmaßnahmen keinen Erfolg, kann er sich in Abständen mit erneuten Zwangsvollstreckungsmaßnahmen bemühen, um seine Forderung zu realisieren.

Gerichtsurteile verjähren erst nach Ablauf von 30 Jahren.

	Nr.	Frage	Antwort
Aufgaben zur Selbstkontrolle	1.	Wann wird sich ein Gläubiger für das gerichtliche Mahnverfahren und wann für das Klageverfahren entscheiden?	
	2.	Eine Firma hat gegen einen Kunden eine Forderung in Höhe von 10.000,00 Euro. Bei welchem Gericht wird die Gläubigerin den Mahnbescheid beantragen?	
	3.	Welche Möglichkeit der Gegenwehr hat der Kunde, wenn er der Ansicht ist, dass die Forderung zu Unrecht besteht?	

14   Verjährung

Ansprüche auf Zahlung und auf andere Leistungen (Lieferung der gekauften Waren, Erbringung von Dienstleistungen usw.) verjähren nach Ablauf bestimmter Fristen. Das bedeutet, dass der Schuldner die Zahlung bzw. Leistung verweigern kann, indem er sich auf den Eintritt der Verjährung beruft („Einrede der Verjährung"). Andererseits kann der Schuldner, der in Unkenntnis der bereits eingetretenen Verjährung trotzdem eine Leistung erbringt, diese mit Hinweis auf den Verjährungseintritt nicht zurückverlangen.

Die Vorschriften über die Verjährung sollen dafür sorgen, dass irgendwann einmal Rechtsfrieden herrscht und nach Jahren nicht plötzlich Schuldner oder deren Erben mit veralteten Ansprüchen konfrontiert werden.

14.1   Verjährungsfristen

Grundsätzlich beginnen Verjährungsfristen mit dem Entstehen des Anspruchs (§ 200 BGB). Nach ihrem Ablauf ist die Verjährung eingetreten.

Die zweijährige Mängelgewährleistungsfrist (§ 438 Abs. 1 BGB, siehe Kapitel 12.3) beim Kaufvertrag beginnt zum Beispiel mit der Übergabe der Sache.

Eine Sonderregelung gilt für die regelmäßige Verjährungsfrist von drei Jahren gemäß § 195 BGB. Sie beginnt erst mit dem Ende des Jahres, in dem der Anspruch entstanden ist (vgl. § 199 Abs. 1 BGB).

Beispiel

Ein Kunde kauft am 1. August eines Jahres einen Motorroller. Die dreijährige Verjährungsfrist bezüglich des Kaufpreisanspruchs beginnt erst mit Ablauf des 31. Dezember.

Verjährungsfristen		
Verjährungsfrist	Anspruchsart	Beispiele
3 Jahre	Regelmäßige Verjäh-rungsfrist (§ 195 BGB)	Rechtsgeschäfte des täglichen Lebens (Kaufvertrag, Dienst-vertrag usw.)
2 Jahre	Verbrauchsgüterkäufe (§ 475 BGB)	Mängelgewährleistungs-ansprüche
5 Jahre	Bauwerke und Sachen, die für ein Bauwerk verwendet worden sind (§ 438 BGB)	Baumängel an Gebäuden
10 Jahre	Rechte an Grund-stücken (§ 196 BGB)	Kaufpreisforderung aus Grundstückskauf
30 Jahre	Ansprüche aus rechtskräftigen und vollstreckbaren Titeln (§ 197 BGB)	• Gerichtsurteile • Vollstreckungsbescheide • notarielle Schuldaner-kenntnisse

14.2 Hemmung der Verjährung

Die Verjährungsfrist kann durch bestimmte Ereignisse gehemmt wer-den, sodass sie erst nach Beseitigung dieses Ereignisses weiterläuft. Das bedeutet, dass der Zeitraum, in dem die Verjährung gehemmt ist, in die Verjährungsfrist nicht eingerechnet wird (§ 209 BGB).

Die Hemmung der Verjährung tritt u.a. bei folgenden Ereignissen ein:
• Während des Zeitraums, in dem Schuldner und Gläubiger darüber verhandeln, ob der Anspruch gerechtfertigt ist, bis eine der Ver-tragsparteien die Fortsetzung endgültig verweigert. Die Verjäh-rung darf aber frühestens drei Monate nach dem Ende der Hem-mung eintreten (§ 203 BGB).
• Durch Einreichung der Klage oder durch Beantragung des Mahnbe-scheides (§ 204 BGB i. V. m. § 167 ZPO). Die Hemmung endet sechs Monate nach der rechtskräftigen Entscheidung oder anderwei-tigen Beendigung des Verfahrens (§ 204 Abs. 2 BGB).

14.3 Neubeginn der Verjährung

Bestimmte Ereignisse bewirken, dass die gesamte Verjährungsfrist erneut von vorn zu laufen beginnt (§ 212 BGB).

Der Neubeginn der Verjährung tritt ein,
- wenn der Schuldner dem Gläubiger gegenüber den Anspruch durch Abschlagszahlung, Zinszahlung, Sicherheitsleistung oder in anderer Weise (z.B. durch Bitte um Zahlungsaufschub, Stundung) anerkennt oder
- wenn eine gerichtliche oder behördliche Vollstreckungshandlung vorgenommen wird.

Beispiele

1. Auf eine Kaufpreisforderung des Gläubigers zahlt der Schuldner einen Teilbetrag. Für den Restbetrag beginnt die Verjährungsfrist erneut.

2. Aus einem Vollstreckungsbescheid pfändet der Gerichtsvollzieher beim Schuldner nach 28 Jahren vergeblich. Die Verjährungsfrist beginnt erneut.

Aufgaben zur Selbstkontrolle	Nr.	Frage	Antwort
	1.	Was versteht man unter Hemmung bzw. Unterbrechung der Verjährung? Nennen Sie jeweils ein Beispiel.	
	2.	Wann beginnt im Falle der regelmäßigen Verjährung die Verjährungsfrist?	

Lösungen zu den gestellten Aufgaben

Zu Kapitel 1

1. Käufermarkt: Engpass ist die Nachfrage, der Kunde bestimmt die Regeln. Verkäufermarkt: Engpass ist die Produktion, der Verkäufer bestimmt die Regeln.
2. Das Tätigkeitsfeld des Verkaufspersonals geht nach dem heutigen Verständnis der Verkauftätigkeit über das reine Verkaufen hinaus. Es umfasst das Erkennen und Verstehen der Kundenbedürfnisse, die Entwicklung von Problemlösungen und die nutzenorientierte Beratung des Kunden. Ziel ist die Kundenzufriedenheit, nicht der Kaufabschluss.
3. Verkaufsarten beschreiben den Kontakt zwischen Kunde und Anbieter hinsichtlich des Anteils der persönlichen Kommunikation am Verkaufsprozess. Verkaufsformen kategorisieren den persönlichen Verkauf im Einzelhandel nach dem Anteil der Bedienung.
4. Persönlicher Verkauf
5. Selbstbedienung

Zu Kapitel 2

1. Die Kundenorientierung beschreibt die Ausrichtung des Denkens und Handelns des gesamten Unternehmens an den Kundenwünschen, Bedürfnissen und Problemen vor, während und nach dem Kauf. Die Kundenzufriedenheit ist das Ergebnis eines Vergleichs der persönlichen Erwartungen und Wünsche des Kunden mit der wahrgenommenen Leistung von Produkten und Dienstleistungen. Kundenbindung umfasst alle Aktivitäten, die darauf abzielen, die Beziehung zwischen Kunden und Unternehmen zur gegenseitigen Zufriedenheit zu gestalten und für die Zukunft zu stabilisieren. Kundenorientierung ist die Grundlage für Kundenzufriedenheit, die Kundenbindung zur Folge hat.
2. Siehe Ausführungen auf Seite 29: „Motivation der Mitarbeiter"
3. Sie zeigen dem Kunden Artikel bekannter Marken, argumentieren sachlich und fachkompetent, verweisen dabei auf Testberichte oder andere Referenzen und lassen den Kunden die Ware prüfen.
4. Siehe Ausführungen in Kapitel 2.6
5. Sie werden gesammelt und ausgewertet, um Vorgänge im Unternehmen zu verbessern, zukünftig Fehler zu vermeiden und Probleme rechtzeitig zu erkennen. Dadurch werden Kosten gesenkt und Kunden gebunden.
6. Auswahl der Kriterien, die der Katalog enthalten muss: genaue Kenntnis der Kunden, ihrer Wünsche, Erwartungen und Bedürfnisse; kontinuierliche Kommunikation mit den Kunden vor, während und nach dem Kauf sowie Überprüfung der Kundenzufriedenheit; Etablierung der Kundenorientierung in der Unternehmenskultur, der strategischen Zielsetzung, den Prozessen und

dem Denken der Mitarbeiter; kundenorientiertes Verhalten gegenüber Mitarbeitern und Kunden.

7. 1) Sicherheit, 2) Geltung/Prestige, 3) Bequemlichkeit, 4) Modebewusstsein, 5) Geltung/Schönheitsbewusstsein, 6) Sparsamkeit, 7) Gesundheitsbewusstsein, 8) Zweckmäßigkeit

Zu Kapitel 3

1. 1) Gesprächsvorbereitung, 2) Kontaktaufnahme, 3) Ermittlung des Kundenwunsches, 4) Präsentation des Angebots, 5) Argumentation, 6) Gesprächsabschluss, 7) Gesprächsnachbereitung

2. Aushändigungs- und Beratungsverkauf erfolgen beide bei der Vollbedienung, unterscheiden sich jedoch in der Kaufabsicht des Kunden und in der Intensität, mit der sich der Verkäufer dem Kunden zuwendet. Beim Aushändigungsverkauf erwirbt der Kunde bekannte Produkte z.B. an einer Theke. Er wünscht keine Beratung, sondern möchte in erster Linie schnell bedient werden. Eine Beratung ist bei Bedarf dennoch möglich. Beim Beratungsverkauf erwartet der Kunde dagegen Informationen zu den Produkten, die er erwirbt, und Entscheidungshilfen.

3. Den Kunden beobachten, bei Blickkontakt grüßen, Bereitschaft zur Beratung signalisieren

4. Information über die warenbezogenen Eigenschaften des Artikels, Verdeutlichung des Kundennutzens, Beweis der Eigenschaften und des Vorteils für den Kunden

5. Mit der Warenvorlage immer in der mittleren Preisklasse beginnen. Erst den Produktvorteil aufbauen, dann den Preis nennen und einen weiteren Produktvorteil anfügen, damit der Preis nicht die letzte Information ist.

6. a) offene Informationsfrage; b) Er möchte möglichst viele Details zum Kundenwunsch erhalten. c) und d) offene W-Fragen und geschlossene K-Fragen; **Eröffnungsfrage** zur Kontaktaufnahme; **Lenkungsfragen** um die Entscheidung des Kunden zu unterstützen und für eine gute Verkaufatmosphäre zu sorgen; dazu gehören **Alternativfragen**: Kunde kann zwischen mehreren Möglichkeiten auswählen und die Entscheidung wird vorangetrieben; **Kontrollfragen**: Verkäufer prüft, ob er den Kunden richtig verstanden hat; **rhetorische Fragen**: dienen guter Gesprächsatmosphäre; **Suggestivfragen**: sollen bestimmte Antwort vom Kunden erzwingen, sind manipulativ, deshalb zu vermeiden

7. Für Preiseinwände; Divisionsmethode: Ein Produkt wird im 6er-Pack für drei Euro angeboten. Der Verkäufer argumentiert: „Wenn Sie das Sparpack nehmen, zahlen Sie pro Stück nur 50 Cent." Differenzmethode: Der Kunde möchte einen Blumenstrauß für zehn Euro kaufen. Ein vorgebundener Strauß mit einer eingesteckten Figur kostet 15 Euro. Der Verkäufer argumentiert: „Für nur fünf Euro mehr bekommen Sie üppiges Beiwerk und eine Dekorationsfigur dazu."

8. a) „Ja, die Form ist ungewöhnlich. Dafür hat sie sich als windschnittig und formstabil erwiesen." b) „Ja, die Form ist ungewöhnlich. Tests haben gezeigt, dass diese Form bei Unfällen besonders gut schützt. Sie wird deshalb auch von Profiradfahrern im Zeitrennen getragen."

9. Ruhig, freundlich und sachlich bleiben. Die Begleitperson ist ein Mitentscheider, ohne dessen Zustimmung wahrscheinlich keine Kaufentscheidung zustande kommt. Sprechen Sie gezielt mit beiden Kunden. Wenden Sie die Referenzmethode, die Rückfragemethode oder die Verunsicherungsmethode an. Lassen Sie die Kunden die Ware nach Möglichkeit ausprobieren.

10. Der Kunde signalisiert durch seine geschlossene Körperhaltung Abwehr und Ablehnung. Etwas in der Argumentation stößt nicht auf seine Zustimmung. Versuchen Sie durch offene Fragen den Grund dafür herauszubekommen, ohne den Kunden zu belehren und vorzuführen. Einwände entkräften.

Zu Kapitel 4

1. Immaterialität/Intangibilität, Uno-actu-Prinzip, Integration des externen Faktors

2. Hoher Stellenwert des persönlichen Kundengesprächs, Sichtbarmachen der unsichtbaren Leistung durch anschauliche Darstellung, Verdeutlichung des Ergebnisses mit Hilfe materieller Dinge, Nutzenargumentation und Beweisführung, Ausgleich schwankender Nachfrage, intensive Einbindung des Kunden in das Geschehen

3. Gestiegenes Vertrauen in das Medium Internet, immer mehr Menschen machen Erfahrungen mit Internetdienstleistungen und geben diese weiter, erhöhte Preissensibilität der Verbraucher

4. Lieferservice, 24-Stunden Hotline, Montage- und Anschlussservice, Vor-Ort-Reparaturservice etc.

5. Genaue Beschreibung des Ablaufs und des Leistungsumfangs der Stilberatung: z.B. Farbenlehre, individuelle Farbberatung, Frisur, Imageberatung – in bildhafter Sprache mit Gestik und Mimik; Schilderung des Vorteils für den Kunden: z.B. verbesserte Ausstrahlung, überzeugendes Auftreten in Beruf und Alltag, Selbstvermarktung; Veranschaulichung durch die zu benutzenden Hilfsmittel: z.B. Farbkarten, Tücher, Make-up, Kleidung, Vorher-Nachher-Fotos

Zu Kapitel 5

1. a) gebremst;
   b) Stopper; kundeninteressante
   c) links herum; rechts
   d) Randbereiche; Mitte
   e) verkaufsschwache, aufgewertet; kundeninteressante
   f) verkaufsstarke; einzelhandelsinteressante

2. Kundeninteressante Artikel: Produkte, die der Kunde benötigt, wie z.B. Such-produkte, Waren des täglichen Bedarfs oder solche, die ihm einen Vorteil bringen – z.B. Sonderangebote. Einzelhandelsinteressante Artikel: Waren, die gut kalkuliert sind oder die der Handel gezielt abverkaufen will.

3. a) Beratungszone; b) Bedienzone; c) Kassenbereich; d) verkaufsschwache Zone, Eingangsbereich (als Stopper); e) verkaufsstarke Zone; f) hinten im Geschäft; g) Bedienzone

4. Siehe Erläuterung der horizontalen und vertikalen Wertigkeiten in Kapitel 5.3.4. Sie entstehen mit der Unterteilung des Regals durch Regalböden und durch das beobachtbare Kundenverhalten.

5. a) Sichtzone – Mitte oder rechts
   b) je nach Gewinnspanne – Greif- oder Bückzone
   c) Bückzone
   d) Sichtzone
   e) Sichtzone links
   f) je nach Gewinnspanne – Greif-, Reck- oder Bückzone

6. a) Verbundplatzierung
   b) Sonderplatzierung
   c) Zweitplatzierung

7. Siehe Kapitel 5.3.5; bezogen auf den Lebensmittelhandel: Regalstreifen, Regal-stopper/Regalfähnchen, farbige Etiketten/Preisschilder, Steckrahmen für Preisschilder, Deckenhänger, Fußbodenaufkleber, Licht, dekorative Elemente (Blüten, Stoff...), Fotos, Tafeln u.v.m.

Zu Kapitel 6

1. Rechtsgeschäfte kommen durch Willenserklärungen zustande. Man unter-scheidet grundsätzlich zwischen einseitigen (z.B. Testament) und mehrsei-tigen Rechtsgeschäften (z.B. Kaufvertrag).

2. Einseitig empfangsbedürftige Rechtsgeschäfte müssen dem Empfänger zu-gehen, damit sie wirksam sind (z.B. muss dem Arbeitnehmer eine Kündigung durch den Arbeitgeber zugehen). Das einseitig nicht empfangsbedürftige Rechtsgeschäft muss dem „anderen" nicht zugehen, um trotzdem wirksam zu sein (das Testament ist in dem Augenblick wirksam, in dem es verfasst wurde, der Erbe muss nichts von der Erbschaft wissen).

3. Der Anfechtungsberechtigte soll die Möglichkeit haben, sich zu überlegen, ob er nicht trotzdem an dem Rechtsgeschäft festhält. Beispiel: Obwohl der Käufer arglistig über die Unfallfreiheit des gekauften Kraftfahrzeugs ge-täuscht wurde, möchte er das Auto vielleicht trotzdem behalten.

Zu Kapitel 7

1. Mietvertrag: Entgeltliche Gebrauchsüberlassung von Sachen
   Leihvertrag: Unentgeltliche Gebrauchsüberlassung von Sachen

Darlehensvertrag: Der Darlehensnehmer ist verpflichtet, dem Darlehensgeber „Sachen der gleichen Art und Güte" zurückzugeben (also nicht dieselbe Sache).
2. Im Gegensatz zum Mietvertrag, bei dem die gemietete Sache nur „genutzt" werden darf, kann beim Pachtvertrag darüber hinaus auch aus der Sache der Erlös gezogen werden („Genuss der Früchte").
3. Hierbei handelt es sich um einen Dienstvertrag, da der Rechtsanwalt mit Sicherheit keinen „Erfolg" (also den Freispruch des Bankräubers) versprechen kann.

Zu Kapitel 8

1. Der Kaufmann muss die Rechnung nicht bezahlen, da er lediglich eine unverbindliche Anfrage an die Firma gerichtet hat.
2. Im Rahmen seiner Verkehrssicherungspflicht ist der Supermarkt verpflichtet, auch für die Sicherheit der (potenziellen) Kunden zu sorgen. Er muss deshalb für den Schaden der Kundin aufkommen.

Zu Kapitel 9

1. Im Rahmen des Verpflichtungsgeschäfts verpflichten sich die Vertragspartner zur Erbringung der vereinbarten Leistungen (beim Kaufvertrag: Verpflichtung zur Übereignung, Zahlung des Kaufpreises). Im Verfügungsgeschäft erfolgt dann der tatsächliche Austausch der Leistungen (Übereignung der Sache, Zahlung des Kaufpreises).
2. Im Rahmen der Freizeichnungsklausel behält sich der Verkäufer die Option vor, seine grundsätzliche Bindung an ein Kaufvertragsangebot auszuschließen (z.B. „Preis freibleibend").
3. Die verspätete Annahme eines Antrags gilt als neuer Antrag, der jetzt wiederum vom ursprünglich Antragenden angenommen werden muss.

Zu Kapitel 10

1. Allgemeine Geschäftsbedingungen sind alle für eine Vielzahl von Verträgen vorformulierten Bedingungen, die eine Vertragspartei der anderen Vertragspartei bei Abschluss eines Vertrags stellt. Sie müssen am Ort des Vertragsabschlusses ausgehangen sein bzw. der Vertragspartner muss in zumutbarer Weise die Möglichkeit zur Kenntnisnahme haben.
2. Trotz des Vorliegens von Allgemeinen Geschäftsbedingungen können die Vertragsparteien zum Inhalt des Vertrags individuelle Verabredungen treffen, die den Allgemeinen Geschäftsbedingungen vorgehen.
3. Haustürgeschäfte und Fernabsatzverträge

4. Der Großhändler übernimmt das Rollgeld bis zur Verladestation (also bis zum Bahnhof). Der Einzelhändler muss die restlichen Kosten, also die Verladekosten (am Bahnhof Frankfurt), die Transportkosten (Bahn von Frankfurt nach Köln), die Entladekosten (am Bahnhof Köln), Rollgeld (vom Bahnhof zum Geschäft des Einzelhändlers) tragen.
5. Mit der Übergabe der Ware am Erfüllungsort geht gleichzeitig die Gefahr (also das Risiko) des Verlustes, der Beschädigung, des Verderbs oder des Untergangs der Ware auf den Käufer über.

Zu Kapitel 11

1. – Fälligkeit des Kaufpreises
   – Mahnung
2. Die Mahnung ist nicht notwendig, wenn
   – der Zahlungszeitpunkt kalendermäßig bestimmt oder bestimmbar ist,
   – der Käufer die Zahlung ernsthaft und endgültig verweigert,
   – „automatisch" nach Ablauf von 30 Tagen nach Erhalt einer Rechnung oder einer gleichwertigen Zahlungsaufstellung.
3. Da der Zahlungszeitpunkt kalendermäßig bestimmt war, ist Zahlungsverzug mit Ablauf des 10. des Monats eingetreten.
   Folgende Ansprüche hat der Getränkehändler:
   – Verzugszinsen (fünf Prozentpunkte über den Basiszins)
   – Mahnkosten
   – Eventuelle Kosten für Inkassobüro/Rechtsanwalt
   – Kosten für etwaige Inanspruchnahme eines Überziehungskredits
4. Rechte des Verkäufers bei Gläubigerverzug:
   – Verkäufer kann weiterhin auf Abnahme der Ware bestehen
   – Hinterlegung der Ware
   – Selbsthilfeverkauf
   – Erstattung der durch den Gläubigerverzug entstandenen Kosten

Zu Kapitel 12

1. Der Kunde kann Nacherfüllung verlangen, da ein Sachmangel vorliegt, d.h. Umtausch oder Nachbesserung. Erst wenn die Nacherfüllung scheitert, kann er nach Setzen einer angemessenen Nachfrist vom Vertrag zurücktreten und sein Geld zurückverlangen.
   Abwandlung: Wenn der Verkäufer bestreiten sollte, dass der Mangel bereits bei Abschluss des Kaufvertrags und bei Übergabe der Sache vorlag, müsste der Kunde beweisen, dass das Gegenteil der Fall ist und dass er den Mangel nicht zu vertreten hat. Sollte ihm dies gelingen, hat er dieselben Rechte wie im Ausgangsfall.

2. Ein Verbrauchsgüterkauf liegt vor, wenn ein Verbraucher von einem Unternehmer eine bewegliche Sache kauft.
3. Insbesondere gilt bei Neukäufen mind. eine Mängelgewährleistungsfrist von zwei Jahren (bei gebrauchten Sachen ein Jahr). Von diesen Regelungen kann zum Nachteil des Verbrauchers (Käufers) nicht abgewichen werden.
3. a) Verbrauchsgüterkauf: zwei Jahre
   b) Verbrauchsgüterkauf gebrauchte Sachen: ein Jahr
   c) arglistig verschwiegene Mängel: drei Jahre
   d) Mängel bei Bauwerken und bei Sachen, die für ein Bauwerk verwendet wurden: fünf Jahre
4. Nacherfüllung bedeutet, dass der Käufer bei Vorliegen eines Sachmangels vom Käufer wahlweise Beseitigung des Mangels (Nachbesserung) oder die Lieferung einer mangelfreien Sache (Umtausch) verlangen kann.

Zu Kapitel 13

1. Der Gläubiger wird das gerichtliche Mahnverfahren wählen, wenn er davon ausgehen kann, dass der Schuldner keine Einwendungen gegen den Zahlungsanspruch haben wird.
2. Zuständig ist das Amtsgericht am Geschäftssitz der Firma.
3. Nach Zustellung des Mahnbescheides kann der Kunde innerhalb von zwei Wochen Widerspruch gegen den Mahnbescheid einlegen. Sollte bereits der Vollstreckungsbescheid erlassen sein, könnte er ebenfalls innerhalb von zwei Wochen Einspruch gegen den Vollstreckungsbescheid erheben.

Zu Kapitel 14

1. Hemmung der Verjährung: Der Lauf der Verjährungsfrist wird durch die Hemmung gestoppt und läuft nach der Beseitigung des Hemmungshindernisses weiter. Beispiel: Gläubiger und Schuldner verhandeln bei Meinungsverschiedenheiten über den Anspruch.
   Neubeginn der Verjährung: Ausgelöst durch ein Ereignis beginnt der Lauf der Verjährung von Neuem. Beispiel: Der Schuldner erkennt den Anspruch durch Zins- oder Abschlagzahlung an.
2. Die regelmäßige Verjährungsfrist beginnt mit dem Schluss des Jahres, in dem der Anspruch entstanden ist (also jeweils zum 1. Januar des Folgejahres).

Verwendete Literatur

Bruhn, Manfred: Kundenorientierung – Bausteine eines exzellenten Unternehmens; München, 2003

Dietlmeier, Sabine / Schmidt, Manuela: Clever kommunizieren, präsentieren und verkaufen; Troisdorf, 2005

Goldmann, Heinz M.: Wie man Kunden gewinnt; Berlin, 2008

Haller, Sabine: Dienstleistungsmanagement; Wiesbaden, 2002

Haller, Sabine: Handels-Marketing; Ludwigshafen, 2001

Humpert, Frederik: E-Commerce – Kunden gewinnen im Internet; München, 2000

Kenzelmann, Peter: Kundenbindung. Kunden begeistern und nachhaltig binden; Berlin, 2003

Meffert, Heribert / Bruhn, Manfred: Dienstleistungsmarketing; Wiesbaden, 2003

Seiwert, Lothar / Ederer, Günter: Das Märchen vom König Kunde; Offenbach, 1998

Stoffel, Wolfgang: 99 Tipps für den erfolgreichen Verkauf; Berlin, 2005

Voth, M. / Henze, H. / Howe, M. / Tünte, K. / Walther, R.: Warenverkauf und Marketing – Informationshandbuch Einzelhandel; Troisdorf, 2005

Weis, Hans Christian: Verkaufsgesprächsführung; Ludwigshafen, 1998

Weis, Hans Christian: Verkaufsmanagement; Ludwigshafen, 2005

Wißmann, Volker: Erfolgreiche Kundenbindung im Dienstleistungsbereich; München, 2000

Stichwortverzeichnis

AIDA-Formel 38, 64, 98
Allgemeine Geschäftsbedingungen 125, 146
Anbahnung eines Kaufvertrags 138, 139
Annahme 141
Annahmeverzug (Gläubigerverzug) 162, 165
Antrag 141
Antrag, Ablehnung 144
Antrag, verspätete Annahme 144
Arten des Verkaufs 9
Aushändigungsverkauf 58
Bedarfsgruppen 113
Begründungs-/Ja-und-Methode 75
Beratungsverkauf 58
Beschwerdemanagement 18, 48
Beschwerden, Handhabung von 49
Bumerang-Methode 76
Customer Relationship Management (CRM) 47
Dienstleistungen, Eigenschaften 88
Einzelhandelsinteressante Produkte 105, 107, 115, 117
Einwandbehandlung 69, 74
Erfüllungsgeschäft 142
Erfüllungsort 159
Fragetechnik 61
Freizeichnungsklauseln 145
Funktionsflächen 101
Gefahrenübergang 160
Gerichtsstand 161
Geschäfts- und Verkaufsraumgestaltung 98, 101
Geschlossene Fragen 61
Gesprächsabschluss 70
Gesprächsförderer 55
Gesprächsführung 38

Gesprächsleitfaden 16
Gesprächsnachbereitung 71
Gesprächsphasen 56
Gesprächsstörer 55
Gesprächsvorbereitung 57
Halbpersönlicher Verkauf 15, 23
Hersteller-/Markenblock 118
Immaterialität (Intangibilität) 89, 93
Integration des externen Faktors 89, 95
Internethandel, Verkaufsformen 20
Käufermarkt 7
Kaufmotive, emotionale und rationale 36
Kaufverträge, Arten 152
Klageverfahren 182
Klassischer Verkauf 9
Kommunikation, verbale und nonverbale Elemente der 53, 54
Kontaktaufnahme 57
Körpersprache 54
Kreuzblock 118
Kundenbindung, Arten 46
Kundengespräche, Arten 51
Kundengruppen 30
Kundeninteressante Produkte 105, 107, 115, 117
Kundenlauf 104, 108
Kundenorientierung 27
Kundentypen 30, 34
Kundenzufriedenheit 39
Ladendiebstahl 83
Lieferungsverzug (Schuldnerverzug) 162, 163
Mahnung 163, 168
Mahnverfahren, gerichtliches und außergerichtliches 178, 180
Mitarbeitermotivation 29
Mitarbeiterorientierung 28

Moderner Verkauf 8, 9
Neukundengewinnung 37, 43
Offene Fragen 60, 61
Orientierungshilfen 104
Persönlicher Verkauf 10, 11, 12, 24
Point of Sale 101
Preisnennung 69
Produktblock 118
Pyramide der Kundenzufriedenheit 40
Rechtsgeschäfte, anfechtbare 131
Rechtsgeschäfte, Arten 126
Rechtsgeschäfte, Formen 127
Rechtsgeschäfte, nichtige 130
Referenzmethode 76
Regalwertigkeit, horizontale und vertikale 117
Reklamation 28, 85
Rückfragemethode 75
Rückgaberecht 151
Rügefristen 174
Sandwich-Methode 69
Schadensersatz 169, 171
Schaufenstergestaltung, Formen 100
Schriftform 128
Selbstbedienung 12, 14, 59, 110
Serviceleistungen, warenabhängige und warenunabhängige 77
Spätkunden 82
Suchlogik 104, 110, 112
Telefonverkauf, Formen 16
Umtausch 85
Uno-actu-Prinzip 89, 95
Unpersönlicher Verkauf 18, 23
Verbrauchervertrag 125
Verbrauchsgüterkauf 125
Verbundplatzierung 112, 113

Vergleichsmethode 79
Verharmlosungs-/Diffe-
   renzmethode 78
Verjährung 185
Verkäufermarkt 7
Verkaufsargumentation
   57, 65
Verkaufsgespräch 37
Verkaufszonen 106, 115
Verkleinerungs-/Divisions-
   methode 79
Verpflichtungsgeschäft
   143
Vertragsarten 133

Vertragsfreiheit 146
Verunsicherungsmethode
   80, 83
Verwendungszusammen-
   hang 11, 64, 112
Visual Merchandising 98,
   111
Vollbedienung 12, 14, 58,
   109
Vorteil-Nachteil-Methode
   77
Vorwahl 12, 14, 58, 110
Vorwegnahme-(Präven-
   tiv-)Methode 77, 80

Warengruppen 113
Warenkennzeichen 73, 74
Warenplatzierung 98, 111
Warenpräsentation 10, 98,
   111, 119
Warenträger 101, 107
Warenwert 114
Werbeanpreisungen 138,
   139
Widerrufsrecht 149, 150
Willenserklärung 126, 141
Zahlungsverzug 162, 168
Zwangsvollstreckung 183

Über die Autoren

Kurt Morawa ist Jurist und war lange Zeit selbstständiger Rechtsanwalt in Berlin. Seit einigen Jahren hat er einen Lehrauftrag für Wirtschaftsprivatrecht an der Hamburger Fernhochschule und ist als Dozent im Bereich der Erwachsenenbildung tätig.

Dipl.-Kauffrau Andrea Srama studierte Betriebswirtschaftslehre mit den Schwerpunkten Marketing und Organisation sowie Japanologie an der Freien Universität Berlin. Mehrere Jahre arbeitete sie als Produktmanagerin und im Vertrieb eines führenden internationalen Konsumgüterkonzerns. Seit 2003 ist sie als freiberufliche Marketingberaterin für Dienstleistungs- und Einzelhandelsunternehmen tätig. Zusätzlich ist sie Dozentin und bereitet überwiegend zukünftige Kaufleute zielgerichtet auf IHK-Prüfungen in den Fächern Marketing und Ware & Verkauf vor.

Über den Herausgeber

Der Weg in ein neues Berufsleben beginnt seit 1985 für Tausende von Teilnehmern bei FORUM Berufsbildung e.V. In Umschulungen, Fortbildungen, Ausbildungen und Fernlehrgängen lernen Menschen aller Altersgruppen praxisnahes Wissen.

Lehrgänge und Praktika finden in enger Kooperation mit Betrieben in folgenden Branchen statt:
- Betriebswirtschaft
- Bürowirtschaft/EDV
- Einzelhandel
- Existenzgründung
- Fitness/Gesundheit
- Immobilienwirtschaft
- Naturkost/Gesundheit/Ernährung
- Soziales/Non-Profit
- Tourismus/Hotel
- Veranstaltungen/Medien

Eine intensive, individuelle Beratung durch erfahrene Branchenexperten steht am Anfang der Weiterbildung. Mit modernen, abwechslungsreichen Lehrmethoden und vielfältigem Mediensatz schaffen die Dozenten ein interessantes und sympathisches Lernklima. Die Unterrichtsqualität wird regelmäßig von den Teilnehmern bewertet.

Die Lage des Hauses am Checkpoint Charlie im Herzen von Berlin, helle und freundliche Räume sowie engagierte Mitarbeiter sorgen zusammen mit über 1.000 Teilnehmern für ein lebendiges Lernumfeld.

Die Teilnehmer werden nicht nur in fachlicher Hinsicht gefördert, auch die individuelle soziale Kompetenz wird gestärkt: Service-Angebote wie Bewerbungscoaching, Rechtsberatung, Unterstützung bei der Internetrecherche ermöglichen diesen Prozess.

Die Lehrgänge schließen mit einer Prüfung vor der Industrie- und Handelskammer (IHK) Berlin bzw. mit einem FORUM- Zertifikat ab. Die durchschnittliche Erfolgsquote bei den Prüfungen liegt bei über 90%. Im Durchschnitt finden über 70% der Absolvent/innen nach Abschluss des Lehrganges einen Arbeitsplatz: Der berufliche Erfolg folgt.